装备科技译著出版基金

Reliability Growth:
Enhancing Defense
System Reliability

防务系统可靠性提升研究与分析

美国防务系统可靠性提升方法研究小组
(Panel on Reliability Growth Methods for Defense Systems)
美国国家统计委员会
(Committee on National Statistics) 主编
美国行为与社会科学教育司
(Division of Behavioral and Social Sciences and Education)
美国国家研究理事会
(National Research Council of the National Academies)

彭 锐 吴 迪 高凯烨 译

国防工业出版社

·北京·

著作权合同登记　图字:军-2018-021号

图书在版编目(CIP)数据

防务系统可靠性提升研究与分析/美国国家研究理事会主编;彭锐,吴迪,高凯烨译.—北京:国防工业出版社,2022.5

书名原文:Reliability Growth:Enhancing Defense System Reliability

ISBN 978-7-118-12497-2

Ⅰ.①防… Ⅱ.①美… ②彭… ③吴… ④高… Ⅲ.①防御系统—可靠性—研究 Ⅳ.①E813

中国版本图书馆 CIP 数据核字(2022)第089706号

This is a translation of Reliability Growth: Enhancing Defense System Reliability, National Research Council; Division of Behavioral and Social Sciences and Education; Committee on National Statistics; Panel on Reliability Growth Methods for Defense Systems © 2015 National Academy of Sciences. First published in English by the National Academies Press. All rights reserved.

※

国防工业出版社出版发行

(北京市海淀区紫竹院南路23号　邮政编码100048)
北京虎彩文化传播有限公司印刷
新华书店经销

*

开本 710×1000　1/16　印张 13¼　字数 226 千字
2022 年 5 月第 1 版第 1 次印刷　印数 1—1000 册　定价 128.00 元

(本书如有印装错误,我社负责调换)

国防书店:(010)88540777　　书店传真:(010)88540776
发行业务:(010)88540717　　发行传真:(010)88540762

译者序

当前阶段各个国家的国防都面临着一个重要的技术性难题：相当大一部分的防务系统并不能满足其可靠性需求。这些不能满足需求的系统不仅不能圆满完成预期的任务，同时也会对其使用者带来潜在的威胁。在系统完成部署后产生的可靠性失效可能会导致昂贵的维修费用和作战机会的延误，这通常会极大程度限制系统使用者的战术制定和实施。不能满足可靠性需求的系统同时也需要经常性的计划和非计划维修，因此需要备用更多空闲的元件，大大增加了系统生命周期中的各项成本。自2008年开始，美国国防部通过与各个承包商和其子单位的通力合作，广泛地使用了可靠性设计技术、可靠性提升测试和可靠性提升模型等相关方法，致力于提高可靠性在国防安全问题当中的优先级。在此阶段，国内可靠性领域关注的重点仍在可靠性设计与分析上，研究基于不同可靠性参数的需求分配、模型评估、方案设计、失效分析等问题，并没有将研究的重点关注到可靠性提升这一问题上来。防务系统作为国防安全当中的重要一环，无论是系统的使用还是操作人员的安全都应当被给予充分的重视，本书可以有效填补这一空缺，用于科研、生产中的实际操作以及未来教学中的应用。

本书根据美国国家学术出版社（The National Academies Press）出版的"*Reliability Growth: Enhancing Defense System Reliability*"一书翻译而成。本书详细介绍了防务领域的可靠性提升方案并进行了有针对性的评估，是近年来美国国防部和其他相关部门在国防安全领域防务系统上的一本重要出版物。原书由多家机构多位专家学者合作完成，同时有美国国家统计委员会等机构进行背书，有着极高的参考价值。译者认为该书在学术上提供了可靠性提升相关模型的构建方法，系统地介绍了防务系统可靠性提升战略；在技术上给防务系统的未来运行提供了具有战略意义的指导。本书的相关结论和方法可以切实提高防务系统的可靠性并能够更好地为防务系统运行人员的生命安全保驾护航。本书的读者对象包括但不限于：对防务系统、系统可靠性、国防安全感兴趣的相关读者；可靠性领域的技术研究人员或学术研究人员；系统可靠性相关领域的从业者或实际防务系统的操作人员以及管理人员。

本书中提到的国家机构和运行系统均指美国，因此在翻译时不另作限定说明，例如国家统计委员会、国家工程院、国家科学院、国防部等。本书中所有的机构名称均采用一些主流的说法，比如，AT&L译为采办、技术与后勤部门，DOT&E译为作战测试与评价局等。需要注意的是，原著是为防务系统可靠性提升提出的相关意见报告书，目的是为提高防务系统可靠性提供基本方向、指导原则及方法论支撑，但这并不意味着仅仅依靠本书就能解决相关领域的所有问题。事实上，本书在使用过程中需要与系统实际情况相结合，综合考虑各种潜在的影响因素，才能做出全面而整体的判断。

全书内容可分为10章：第1章对全文的主要内容进行介绍与引入；第2章比较防务系统与商业系统的主要差异；第3章提出相关的可靠性指标标准；第4章主要介绍可靠性提升模型；第5章讨论可靠性设计技术；第6章重点描述可靠性提升测试的方法与过程；第7章说明防务系统的开发测试与评价；第8章进一步介绍系统真实运行的测试与评价问题；第9章讨论软件可靠性提升的方法；第10章总结结论与相关建议。另外本书还包括5个附录：附录A给出国家统计局相关报告中的一些建议意见；附录B给出本书相关研讨会的日程；附录C探讨国防部近期可靠性提升方法研究的效果；附录D介绍相关的评论文章；附录E介绍防务系统可靠性提升方法研究小组的成员名单和简历。本书由北京工业大学彭锐教授担任主译，西安交通大学博士研究生吴迪、北京信息科技大学高凯烨教授协助完成。在本书的翻译、出版过程中得到了清华大学张弛副教授和国防工业出版社白天明副编审的大力支持，在此向他们表示衷心的感谢。感谢国家自然科学基金（基金号72001027）的支持。

译者在翻译过程中，在不偏离原书内容的原则下，尽量使用了通顺流畅的语句。但因文章里一些词句较为晦涩，且通读理解全书需要一定的相关领域知识，译文表达如有不妥之处，敬请广大读者批评指正。

译者
2021年6月

美国国家学院
科学、工程和医学领域的国家顾问

分支机构美国国家科学院是一个由从事科学和工程领域研究的知名学者组成的私有的、非营利且可自我延续的组织,其致力于促进科学技术的推广及其在生活中的普遍应用。根据 1863 年美国国会授予的相关章程授权,科学院的主要任务是对联邦政府就科学和技术框架等事宜提出意见与建议。Ralph J. Cicerone 博士担任美国国家科学院院长。

分支机构美国国家工程院成立于 1964 年,在国家科学院的指导下,逐渐成为了一个优秀工程师聚集的大型研究组织。其在行政管理和选拔方面有着极高的独立自主性,与国家科学院共同承担为联邦政府提供咨询和建议的责任。国家工程院同时还承担着赞助旨在满足国家需要的工程项目,鼓励教育和研究,认可工程师的卓越成就的职能。C. D. Mote, Jr. 博士担任美国国家工程院院长。

分支机构医学研究所成立于 1970 年,由国家科学院设立,其目的是聚集一批相关专业的知名人士服务于公众健康政策的协商和制定工作。该研究所根据国会宪章赋予国家科学院的职责行事,担任联邦政府顾问,并针对医疗、研究和教育等方面的问题自主开展研究。Victor J. Dzau 博士担任医学研究所所长。

国家研究理事会于 1916 年由美国国家科学院组织成立,目的是将广泛的科学技术团体组织起来,以达到其为联邦政府提供咨询和建议的作用。根据国家研究理事会制定的总则,其下理事会已成为国家科学院和国家工程院向政府、公众和科学与工程界提供服务的主要运营机构。该理事会由国家学院和医学院研究所联合管理。Ralph J. Cicerone 博士和 C. D. Mote, Jr. 博士分别担任国家研究理事会主席和副主席。

www. national – academies. org

防务系统可靠性提升方法研究小组

ARTHUR FRIES（主席），弗吉尼亚州亚历山大港防务分析研究院
W. PETER CHERRY，密歇根州安娜堡科学应用公司（退休）
ROBERT G. EASTERLING，新墨西哥州锡达克雷斯特统计咨询局
ELSAYED A. ELSAYED，罗格斯大学工业和系统工程系
APARNA V. HUZURBAZAR，新墨西哥州洛斯阿拉莫斯国家实验室统计科学研究组
PATRICIA A. JACOBS，加尼福利亚州蒙特雷海军研究生院运筹学系
WILLIAM Q. MEEKER, JR.，爱荷华州立大学统计学系
NACHI NAGAPPAN，华盛顿州雷德蒙德微软研究院实证软件工作组
MICHAEL PECHT，马里兰大学先进系统生命周期研究中心
ANANDA SEN，密歇根大学卫生系统与家庭医学系
SCOTT VANDER WIEL，新墨西哥州洛斯阿拉莫斯国家实验室统计科学研究组
MICHAEL L. COHEN，研究负责人
ERNEST SEGLIE，顾问
MICHAEL J. SIRI，项目联络人

美国国家统计委员会
2013—2014

LAWRENCE D. BROWN(主席),宾夕法尼亚大学沃顿商学院统计学系
JOHN M. ABOWD,康奈尔大学工业与劳动关系学院
MARY ELLEN BOCK,普渡大学统计学系
DAVID CARD,加州大学伯克利分校经济学系
ALICIA CARRIQUIRY,爱荷华州立大学统计学系
MICHAEL E. CHERNEW,哈佛大学医学院卫生保健政策系
CONSTANTINE GATSONIS,布朗大学统计学研究中心
JAMES S. HOUSE,密歇根大学社会调查研究所调查研究中心
MICHAEL HOUT,纽约大学社会学系
SALLIE KELLER,弗吉尼亚州阿灵顿弗吉尼亚理工学院弗吉尼亚生物信息学研究所
LISA LYNCH,布兰代斯大学海勒社会政策与管理学院
COLM O'MUIRCHEARTAIGH,芝加哥大学哈里斯公共政策研究院
RUTH PETERSON,俄亥俄州立大学刑事司法研究中心
EDWARD H. SHORTLIFFE,哥伦比亚大学生物医学信息学系以及亚利桑那州立大学梅奥诊所校区生物医学信息学系
HAL STERN,加州大学唐纳德·布伦信息与计算机学院
CONSTANCE F. CITRO,负责人
JACQUELINE R. SOVDE,项目协调人

致 谢

专家组首先需要感谢负责采办、技术与后勤(AT&L)的国防部副部长 Frank Kendall 和作战测试与评价局(DOT&E)局长 Michael Gilmore 对本课题的大力支持。在过去的20多年中,他们及他们的前任们均对本课题相关的诸多项目提供了大量的帮助,同时也为不断提升防务系统在统计学、系统工程和软件工程等领域的可靠性研究方面做出了大量的贡献。

专家组也要感谢美国国防部(DoD)的研究员们,采办、技术与后勤部门,可获得性资源分析小组的主任 Nancy Spruill 和作战测试与评价局的科学顾问 Catherine Warner。他们在整个课题实施的过程中均提供了大量的帮助,例如:协助专家组明确了不同问题的重要程度;协助专家组确定了能够提供讲座的合适的国防部官员人选,从而使专家组可以通过讲座充分了解国防部目前所使用的系统以及其所处的环境和运行方式;此外还向专家组提供了国防部的各种技术文档(包括手册、指南和备忘录等材料)。如果没有他们的帮助,专家组的课题将会举步维艰。

同时下列各位专家和学者也在小组的前三次会议中提出了建设性的意见,专家组在此一并表示感谢:Darryl Ahner(美国空军技术学院控制科学系),Karen T. Bain(美国海军航空系统司令部),Gary Bliss(美国采办、技术与后勤部门),Albert(Bud), Boulter(美国空军),Steve Brown(雷诺士国际集团),David Burdick(波音公司),Michael J. Cushing(AEC,退休),Paul Ellner(美国陆军装备系统分析活动小组),Michael Gilmore(美国采办、技术与后勤部门),Martha Gardner(通用电气公司),Don Gaver(NPGS 公司),Jerry Gibson(ASC 组织),Lou Gullo(雷神公司),Brian Hall(ATEC 公司),Frank Kendall(美国采办、技术与后勤部门),Shirish Kher(阿尔卡特朗讯公司),Eric Loeb(作战测试与评价局),Andy Long(LMI 公司),William McCarthy(美国作战试验与评估部队),Stephan Meschter(BAE 系统),Andy Monje(DASD 安全公司),Ken Neubeck(Exelisinc 公司),David Nicholls(RIAC 智库),Paul Shedlock(雷声公司),Tom Simms(美国采办、技

与后勤部门),Nozer Singpurwalla(乔治·华盛顿大学),Jim Streilein(作战测试与评价局),Patrick Sul(作战测试与评价局),Daniel Telford(美国空军使用测试与评价中心),Nicholas Torellis(美国国防部长办公室),Tom Wissink(洛克希德·马丁公司),James Woodford(ASN学会)和Guangbin Yang(福特汽车公司)。

专家组同时感谢Michael Siri在行政管理上提供的帮助以及Eugenia Grohman在技术编辑上提供的诸多便利。

本书在初稿阶段就接受了来自不同技术领域专家的评审,并同时得到了来自国家研究理事会报告审查委员会的评议。专家组之所以在课题开始阶段就这样广泛地采纳各方的意见,就是为了能够让撰写出的报告更加公正和客观,同时可以达到既定的技术标准。当然这些评议内容和本书的初稿目前仍处于保密阶段。

专家组同时需要对以下独立评审人表示感谢,他们对中期报告提出了相当中肯的意见和独到的见解:美国海军航空系统司令部可靠性和维修性部门的Karen T. Bain;美国陆军评估中心的Michael J. Cushing(退休);桑迪亚统计和人因部门的Kathleen V. Diegert;杜克大学数学系的Richard T. Durrett;马里兰大学帕克分校机械工程系的Millard S. Firebaugh;美国海军研究生学院系统研究部门的Donald P. Gaver(退休);奥本大学机械工程系的Pradeep Lall;美国雷神公司工程产品支持中心可靠性和系统安全性部门的Paul E. Shedlock;诺斯洛普信息系统首席技术官办公室的Neil G. Siegel和密歇根大学工业工程系的Marlin U. Thomas。

虽然以上列举的评审人们都提出了建设性的建议,但是他们并未被要求为本书的结论和建议进行背书,同时他们也未在本书出版之前见过其最终版本。关于本书的相关评论由北卡罗莱纳州立大学工业与系统工程系的Thom J. Hodgson和密歇根大学公共卫生学院生物统计系的Roderick J. Little审阅。他们二位受国家研究理事会指派,能够保证所有的评审意见均被认真地考虑和反复地讨论。当然需要说明的是以上的评审人和国家研究理事会均不对本书的最终内容负责。此外专家组还需要感谢加利福尼亚大学洛杉矶分校工程和应用科学学院的Ali Mosleh对于附录D的建议。最后,专家组想对每一位编委成员表示由衷的感谢,每一位编委成员都撰写了相当一部分精彩的内容,为本书的完成付出了大量的时间和精力且提供了相当专业的意见和建议。

主席:Arthur Fries
研究主任:Michael L. Cohen
防务系统可靠性提升方法研究小组

缩略词

为了方便广大读者理解，书中出现的缩略词翻译汇总如下

NRC	美国国家研究理事会
AT&L	采办、技术与后勤部门
DOT&E	作战测试与评价局
DoD	美国国防部
OSD	国防部长办公室
DT/OT	开发测试/运行测试
MTFB	平均故障间隔时间
RFP	需求建议书
DFR	可靠性设计
PoF	物理失效
ACAT I	第一类采购
RAM	可靠性、可用性和维修性
DTM	指令类型备忘录
TAAF	测试、分析和维修
AMSAA	美国陆军装备系统分析活动
TEMP	测试和评估总体规划
PM	项目经理

SEP	系统工程计划
FRACAS	失效报告、分析和纠正措施系统
HALT	高度加速寿命测试
ALT	加速寿命测试
OMS/MP	运行模式摘要/任务概况文档
RGC	可靠性提升曲线
JROC	联合需求监督委员会

目录

概述 ·· 001
    0.1 研究范围和背景 ·· 001
    0.2 研究小组观察情况与相关建议 ································ 003
    0.3 系统需求、需求建议书和相关建议 ···························· 004
    0.4 可靠性设计技术 ·· 005
    0.5 可靠性测试和评估方法 ··· 006
    0.6 可靠性提升模型 ·· 009
    0.7 建议列表 ··· 010

第 1 章 引入和介绍 ·· 015
    1.1 研究部门和边界界定 ·· 015
    1.2 满足可靠性需求：发展历史与重要议题 ····················· 017
    1.3 重要术语 ··· 020
    1.4 防务系统的各个阶段划分 ······································ 021
    1.5 可行的解决方案 ·· 023
    1.6 报告的结构 ·· 024

第 2 章 防务系统与商业系统的比较 ···························· 025
    2.1 3 个关键区别 ··· 025
    2.2 防务采购激励机制中的问题 ·································· 027
    2.3 商业最佳实践视角 ·· 028

第 3 章　可靠性指标 ……………………………………………… 031

- 3.1　连续运行的可维修系统 ……………………………………… 031
- 3.2　连续运行的不可维修系统 …………………………………… 034
- 3.3　单次系统 ……………………………………………………… 035
- 3.4　混合模型 ……………………………………………………… 035
- 3.5　对国防部现有工作的评价 …………………………………… 036

第 4 章　可靠性提升模型 ………………………………………… 038

- 4.1　概念和示例 …………………………………………………… 038
- 4.2　一般的国防部模型 …………………………………………… 041
- 4.3　国防部模型的应用情况 ……………………………………… 043
- 4.4　启示 …………………………………………………………… 045

第 5 章　可靠性设计技术 ………………………………………… 049

- 5.1　可靠性设计技术 ……………………………………………… 051
- 5.2　可靠性评价技术 ……………………………………………… 056
- 5.3　系统失效及其根源分析 ……………………………………… 058
- 5.4　预测可靠性的两种方法 ……………………………………… 059
- 5.5　冗余、风险评估与预测冗余 ………………………………… 062

第 6 章　可靠性提升测试 ………………………………………… 065

- 6.1　基本概念与相关问题 ………………………………………… 065
- 6.2　可靠性测试的增长与评估 …………………………………… 066

第 7 章　开发测试与评价 ………………………………………… 071

- 7.1　承包商测试 …………………………………………………… 072
- 7.2　开发测试的基本要素 ………………………………………… 072
- 7.3　设计实验 ……………………………………………………… 073
- 7.4　测试数据分析 ………………………………………………… 074
- 7.5　可靠性提升监测 ……………………………………………… 078

第 8 章　运行测试与评价 — 081

8.1　运行测试的时机和功能 — 081

8.2　测试设计 — 083

8.3　测试数据分析 — 084

8.4　开发测试/运行测试的差异解析 — 086

第 9 章　软件可靠性提升 — 090

9.1　软件可靠性提升模型 — 091

9.2　基于指标的模型 — 096

9.3　构建基于指标的预测模型 — 099

9.4　测试 — 100

9.5　监控 — 101

第 10 章　结论与建议 — 104

10.1　替代方案分析 — 105

10.2　需求建议书 — 107

10.3　可靠性演示计划纲要 — 109

10.4　提高可靠性的优先级 — 110

10.5　可靠性设计和可靠性测试 — 111

10.6　电子元件可靠性评估 — 112

10.7　软件开发的监督 — 115

10.8　可靠性提升模型 — 115

10.9　可靠性提升测试 — 116

10.10　加速测试 — 118

10.11　设计变更 — 118

10.12　运行环境信息 — 119

10.13　采购合同 — 119

10.14　交付原型的开发测试 — 119

10.15　开发测试 — 120

10.16　运行测试 — 121

10.17　中期可靠性目标 — 122

10.18　研究与展望 ………………………………………………… 125

参考文献 ……………………………………………………………… 127
附录 A　国家统计委员会相关报告中的建议 ……………………… 135
附录 B　研讨会日程 ………………………………………………… 139
附录 C　国防部近期为提升系统可靠性所做的努力 ……………… 142
附录 D　相关评论文章 ……………………………………………… 157
附录 E　研究小组成员与工作人员简历 …………………………… 194

概述

可靠性是系统实现其预期功能的重要评判标准之一,同时也是美国国防部(DoD)对于一项项目许可是否批准所参考的重要评价标准。虽然任意一个系统在真正被批准建造前都有既定的预期要达到的特定可靠性需求,但在真实情况中往往会由于技术变革以及军事能力的变动导致防务系统不能达到要求的可靠性。2006年到2011年期间,在国防部作战测试和评价局(DOT&E)向国会报告的52个防务系统中,有一半的系统并没有达到相应的可靠性需求但是其仍在满负荷运行。

没有达到要求的防务系统不仅不能完成其预期的任务,同时很可能会威胁到依靠系统正常运行的相关军事人员的安全。这种存在缺陷的系统比可靠的系统需要消耗更多的维修经费,同时在其生命周期内也需要更换更多的零件、元件。此外,在系统构建中如果没有发现一些基础的问题则可能会导致系统在重新设计时产生昂贵且惨痛的战略性延误,或是导致某些特定的战略计划部署受到很大程度的限制。

在认识到这些损失的严重性后,国防部长办公室(OSD)通过国防部作战测试和评价局以及负责采办、技术与后勤的国防部副部长办公室从2008年开始就致力于通过使用可靠性设计技术、可靠性提升测试以及正规化的可靠性提升模型来评价和改善防务系统的可靠性。为了实现这一目的,这些机构出台与修正了许多手册、指南以及备忘录文件,提供了相应的修改方法以用于减少系统发生可靠性错误的频率。为了评价上述工作的效果以及更好地衡量当前国防部的防务系统是否满足其可靠性需求,这些机构要求国家研究理事会下属的国家统计委员会开展了相关研究。具体研究由防务系统可靠性提升方法研究小组执行。

0.1 研究范围和背景

该小组审查了4个广泛的研究主题:①关于管理预期系统的可靠性需求产

生的过程,新国防采办提案需求建议书(RFP)的发布,以及相应提案的内容和评价结果;②现阶段可靠性设计方法以及承包商应如何使用这些方法;③当前的可靠性测试和评估实践方法,以及应该如何将其纳入承包商和政府的规划和测试中;④可靠性提升模型的现状,该模型中哪些功能是有用的,以及不同功能应该在什么情况下使用。目前防务系统的采购环境与国防部在 20 世纪 90 年代面对的环境大相径庭,也与一般商业公司面临的环境有很大不同。与过去相比,当前阶段的防务系统通常需要考虑:更高的设计复杂性(例如,包括数十个子系统的相关性集成和互操作问题);更广泛地依赖于软件元件;更广泛地依赖于集成电路技术;更加依赖于复杂的非军事供应链。

在商业系统开发中,系统程序控制的各个环节一般都集中在一个具有明确动机的项目经理管理下。相比之下,国防部采购过程则由许多独立的"代理人"牵头完成(一个系统开发人员,一个或多个承包商和分包商,一个国防部计划经理,国防部测试人员,OSD 的监视员以及军事用户),他们看待问题的角度完全不同,且他们各自有着不同的约束机制。另外,在商业领域,系统的可靠性风险主要由制造商承担(风险高会减少当前和未来的销售额,增加保修成本等),但对于防务系统,政府和军方则会承担大部分的风险,因为政府普遍会承诺在可靠性降低之前便会引入完整的系统。

在过去的几十年中,商业产业的不断开发形成了两种生产高度可靠系统的设计方法:一种是与原始设计密切相关的技术,被称为可靠性设计方法;另一种则是在开发阶段进行测试,旨在寻找可能的失效并实施适当的设计来对系统进行改进以提高系统可靠性的方法。相比之下,目前阶段国防部通常依靠大量的时间和成本密集的系统级测试来提高系统的初始可靠性,最终为了在真实运行中达到规定的可靠性需求。为了监测这种可靠性的提升,国防部在开发测试(DT)的各个中间阶段均建立了分步的可靠性目标。在完成系统开发测试之后,则会开展运行测试(OT),以在真实应用系统的军事用户和维护人员的陪同下检测系统的可靠性。近来,国防部系统可靠性发展的经验是:运行系统的可靠性不足通常可以追溯到某些系统开发测试早期的疏漏。

当前美国国防部保持系统可靠性的核心方法是可靠性提升模型,这是一种可以明确地将系统可靠性的预期收益与总累计测试时间联系在一起的数学抽象形式。相关模型的建立能够促进测试程序在设计中的可靠性提升,并支持程序跟踪当前系统的可靠性。与传统的建模方法相同,可靠性提升模型的应用同样需要包含几个隐含的概念性假设,而这些假设的有效性同样也需要独立地进行证实。

但是对于任何系统,除非对可靠性测试进行适当的调整,否则其并不总是可以得到与可靠性提升公式理论推导相一致的结果,这是因为系统的运行环境(即物理环境、测试受到的压力以及其他的可能失效模式)不会随着可靠性提升期的变化而变化。

对"可靠性"这个术语的解释在整个国防部采购过程中都会被不断地进行修正,从性能要求的陈述阶段到运行测试和评估阶段的可靠性定义可能从不相同。同时因为有一些可靠性需求是在测试前事先规定的,因此采用一些直接的评价方法(如平均失效间隔时间(MTBF)或成功概率)是合理的。通常情况下,相同的标准MTBF和成功概率指标适合于描述来自有限持续时间数据系统的可靠性水平。但是也会存在一些特殊情况,例如有的测试结果需要取决于样本的大小,且不同的测试条件可能会产生出完全不同的结果,不同的测试原型也可能会需要采用更加精细的分析方法。更广泛地来讲,由于系统真实的可靠性和预期的可靠性处于不同的测试环境下,而这些情况又很可能与真实的操作使用情况不符,因此很难选择究竟要采用怎样的可靠性评估方式评估系统可靠性。

0.2 研究小组观察情况与相关建议

防务系统可靠性提升方法研究小组提供了25条能够提高美国防务系统可靠性的建议。所有这些内容都在本节的末尾处列出,并在本书正文中进行了详细的讨论。此处首先总结了研究小组的一些主要观察结果。根据这些基础的观察结果,将会指出不同建议的详细内容和实质内涵。所有这些内容均涵盖了国防部采购活动的整个流程:

(1) 国防部采取了许多关键的步骤来开发满足规定可靠性需求的系统,并在部署后保证系统可靠地运行。

(2) 应该持续强调一些可靠性改进的要求,其中包括:

① 操作具有实际意义且可靠性需求是可以达到的;

② 需要重点关注在需求建议书和合同的起草中是否存在明显的可靠性问题;

③ 能够提高原始系统可靠性水平的可靠性设计活动;

④ 能够提升系统可靠性并提供运行可靠性全面检查的集中测试和评估活动;

⑤ 能够确定可靠性测试完成程度和评估结果有效性的适当的可靠性提升方法(满足基本假设);

⑥ 系统硬件和软件可靠性管理团队是否有能力指导承包商设计和测试活动；

⑦ 反馈机制，生成可靠性设计、测试、可靠性提升计划和部署后的效果评估，以上方法均可以为当前和未来的系统可靠性发展提供数据和信息；

⑧ 国防部的审查和监督过程。

(3) 在系统的定义、设计和开发阶段始终有持续的资金支持，资金主要用以：

① 激励承包商持续提出新的可靠性举措；

② 完成计划中的可靠性设计和测试活动，包括有能力处理其中可能出现的任何问题；

③ 为国防部的审查和监督提供足够先进的专业知识。

本书详细论述了上面提出的建议并在第 10 章进行了进一步的讨论。在这里，研究小组根据采购过程的 4 个方面分别提出了不同的建议内容：①系统需求、需求建议书和相关建议；②可靠性设计技术；③可靠性测试和评估方法；④可靠性提升模型。

需要注意的是，以上这些建议中包括一些"重复"部分。例如部分研究内容与早期的国家统计委员会和国防部的研究相似，同样在现有国防部采购程序和法规的制定中也有类似的建议。研究小组之所以综合提供这些信息是为了最终整合成一个可靠性提升建议的完整且独立的版本。但同样因为目前国防部对于这些意见还没有完全采纳与吸收，因此上述意见的应用范围可能依然会持续地发生变化。

0.3 系统需求、需求建议书和相关建议

在启动防务采购计划之前，首先必须正式确定计划部署系统的性能以及其可靠性需求。可靠性需求应以最终操作性（如任务成功）为基础，并在系统的整个生命周期中时刻（同时也要包括早期的真实使用范围）与采购和运行的成本相关联。这种操作可靠性也要求必须是技术可行的（即技术上处于当前或近一段时间的科学、工程和制造能力发展最新水平范围内）。最后，可靠性需求需要可测量和可测试。制定系统可靠性需求的过程要着重参考先前的相关经验，并充分使用 OSD 和其他部门（包括用户和测试社区）中的资源。根据需要，可靠性设计的步骤应该由可靠性工程领域的外部专家以及与目标系统主题相关的其他高水平技术人才来审查和完善。[参见建议 1,2,24 和 25]

可靠性需求应被指定为系统的一个关键性能参数,为了满足合规性最好能够使其成为合同中强制性的要求。以上方法不但强调了采购过程中可靠性的重要性,而且能够提升实现系统可靠性的前景。在阶段测试过程中,注意要严格限制放宽可靠性需求的机会:当且仅当经过高层审核(在元器件采购部门或更高级别部门)并同意且研究了该项宽松举措对于整个系统以及各系统生命周期成本的影响后才有可能许可其进行。[建议3和5]

政府的REP应该包含足够多的细节,以便承包商能明确他们将如何以及在何种成本水平下进行设计、测试、开发和验证预期系统。REP需要详细阐述可靠性需求和设置该可靠性的理由,要综合考虑包含硬件和软件方面的因素、运营绩效概况和预期的环境负荷条件以及对于"系统失效"的界定范围。同时政府也应该提供开发测试计划的初步版本(包括时间、规模和个别测试事件的特点)。政府对承包商需求建议书的评估应考察其所提供的可靠性设计技术、测试和管理流程的总体情况,其中同样应包括各种中间系统开发节点的验证活动以及相应的评分标准。[建议1,2,4,7和16]

0.4 可靠性设计技术

系统设计早期时的高可靠性要比采用昂贵的系统级开发测试去纠正较低的可靠性更为理想。设计早期的高可靠性往往是非国防部门商业采购中获得成功的广泛前提,而昂贵的开发测试则主要是国防部采购计划失效的主要原因。

现代可靠性设计技术包括但不限于:①失效模式和效应分析;②稳健的参数设计;③框图和失效树分析;④物理失效方法;⑤模拟与仿真方法;⑥根本原因分析。针对不同的系统应该采用不同的方法组合进行可靠性设计。在设计的初期阶段,承包商应该能够根据REP,以往与政府的互动和先前的历史经验构建细节。[建议6]

设计过程应该充分依赖于为可靠性工程实践而量身定制的应用。整个过程不仅需要涵盖系统性能的固有硬件特性和软件特性,还需要有能力解决系统在制造、装配、运输处理、生命周期、运行操作、磨损、老化以及维护和维修等各阶段更广泛的可靠性问题。最重要的是,整个设计过程必须得到正规的可靠性管理机构的认可以及充足的资金(可能包括奖励机制)支持以便在系统的设计和开发阶段保证较高的可靠性水平。如果系统(其中一个或多个子系统)是软件密集型的,则应要求承包商提供选择软件架构和管理计划的基本原理,并且该计划应由单独任命的国防部专家进行审查。任何在初始系统设计之后进行的重大改变都应该进行全方位评估,以考察它们对后续设计和测试活动的潜在影响,并且应该实时向国防部提供新的资金需求。[建议6,7,15和18]

在可靠性设计过程中有3个具体的方面需要单独强调。第一,需要更准确地预测电子元件的可靠性。军事手册(MIL-HDBK)217及其后续条款已经被证明是无效的且不准确的,它们应该被物理失效方法和以验证模型为基础的估计方式所取代。第二,软件密集型系统和其相关子系统从系统早期的概念设计阶段开始就需要进行特别的审查。承包商对软件体系结构、规范和监督管理计划的制定都需要由国防部和软件可靠性工程领域的外部专家进行独立的审查。第三,应该采取全面的设计方法以解决系统面对的相关硬件、软件和人为因素的干扰。这也就是说不需要关注独立分散的系统失效原因,而是要通过综合处理的方式发现潜在的交互失效原因。[建议6,8和9]

0.5 可靠性测试和评估方法

在最初的系统设计完成后,需要通过测试来获取系统的性能信息,通过执行各种测试事件、评估测试结果和迭代测试的方法来提高系统的可靠性。目前尚没有普遍适用的算法能够精确地描述在元件、子系统和系统级别进行软硬件测试和评估的顺序与流程。研究小组目前普遍采用的原则和策略可以从国防部目前各个采购部门所使用的相关文件中窥探到一些端倪。虽然这些文件涉及的可靠性设计和测试领域十分广泛,但是其并不深入。因此针对特定采购程序的应用必须借鉴许多相关领域的先进经验:例如可靠性工程领域、软件可靠性工程领域、可靠性建模领域、加速测试领域以及电子元件可靠性领域。在这些领域中,国防部可以通过内部招聘、咨询、签订合同或培训现有人员熟练度的方法来提升适当的专业度。

此外,国防部还需要在可靠性实践的先进技术方面积累更多的专业知识以应对由于技术发展的复杂性以及地方性预算限制所带来的挑战。创新应该在如下几个领域进行:可靠性设计的基础理论;早期的开发测试和评估(特别是新技术与物理失效机制的联系);高效的测试评估以及数据综合整理(针对不同类型的防务系统);应用在专用测试中评估近期和长期可靠性的技术等。

最后,为了促进部门内部的学习和交流,国防部还应建立记录个人可靠性计划历史(如具体的设计测试案例和评估举措)的共享信息数据库,并展示先前评估和部署实践中的可靠性结果。此外,该信息数据库还需要包括描述系统运行条件、制造方法和质量控制、元件供应商、材料和设计更改等其他相关方面的信息。此外应该将共享信息数据库与采购系统充分集成,从而更加准确地执行相关系统的未来采购计划。当然,在开发和使用共享信息数据库时,国防部需要特别注意数据的安全性,防止泄露专有信息或机密信息。[建议 22,23,24 和 25]

规划和实施一个强大的测试程序以提升硬件和软件系统的可靠性,要求项目能够拿出足够的资金来测试和监督承包商和分包商的开发活动。这笔资金需要事先声明其专门用于测试以防止在后续的开发过程中应用于其他目的。这些资金的数额除了包含必要的资金外,还需要包含额外的一部分作为承包商的奖励和激励。可靠性测试项目的执行应该交由一个正式的可靠性管理团队来监督和管理,该团队从系统设计阶段开始就应当以可靠性作为第一优先级,保持其灵活性以及对需求的充分响应,并全面地备份硬件和软件可靠性测试、数据和评估的相关文件。完整的文件同时应该提供给所有计划相关部门和国防部的全部部门。[建议 6,7,9,12,15,16,17 和 18]

政府和承包商应进一步合作开发 REP 中提到的初步可靠性开发测试和评估程序,并在承包商的建议书中予以说明。硬件和软件的可靠性测试计划都应定期由国防部和开发人员进行审查,并根据需要时刻进行更新(例如主要设计的更改),充分考虑迄今为止已经达到的可靠性目标、合同的要求、中间存在的阈值以及剩余元件、子系统和系统可靠性中的不确定性。解释测试结果时应该从测试条件的差异以及它们同实际情况的差异的角度来分析。[建议 4,7 和 11]

早期的可靠性开发测试和评估的目标主要集中在元件和子系统层面,其中包括:失效机制的判定,设计增强措施,可靠性评估。通过对硬件和软件系统的范围控制可以保证系统可靠性达到预期标准。该阶段的主要目标应该是在设计完成并启动系统级生产之前(即在维护成本最低的情况下),定位并解决在这个发展阶段中存在的可靠性缺陷。

对于硬件元件和子系统,有许多可用于在早期开发测试和评估中"加速"测试的方法,其往往可以在有限的时间内识别、表征和评估系统失效机制以及当前系统的可靠性。其中就包括了将测试物品暴露于受控的非标准过应力环境中,从而将合理模型的观测结果转换为一些具有限制性使用条件的结果。为了管理早期阶段的软件开发过程,项目方应该要求承包商测试全部系统运行中面临的所有可能情况,采用有实际意义的性能指标跟踪软件的完整性和成熟度并记录结果。对于软件密集型系统和其子系统,应要求承包商开发自动化软件测试工具并建立辅助文件。此外,这些文件还应由国防部任命的专家进行额外审查。[建议 7,9,12 和 14]

在开发系统原型(或实际系统)时,就可以开始进行系统级的可靠性测试,但是直到承包商提供统计上可靠的相应证明时才完全符合程序中规定的系统可靠性需求规范。系统级的可靠性测试通常应该分阶段进行,在观察到失效模式、存在潜在的设计改进,或者进行有具体意义的改进时则应该穿插一些修整的步骤。应该在独立的测试评价阶段中考察不同环境和运行因素下的系统性能,同时应采用独立的阶段证明在每一个特定测试条件(可能与实际中真实操作情况不完全一致)下系统所能达到的可靠性水平。此外,应该对目标可靠性(按照系统硬件和软件失效的定义)进行监测和跟踪,以衡量其在真实运行方面的可靠性。评分在系统级开发测试开始时至关重要,其直接反映了系统在设计阶段和生产过程中的质量。国防部所有失效项目的一个共同特点是:由数据可以发现在早期观察到的系统失效数量偏多,特别是在第一阶段的可靠性测试中。[建议7和19]

系统级开发测试和评估的不足可能导致系统可靠性评估不准确甚至产生误导性的结果。如果基于模型的估算(例如基于主要子系统的加速测试)成为了证明实现系统可靠性和支持重大采购决策中不可或缺的部分,那么估计模型的构建应该由一个由专家组成的独立小组进行审查。为了提高运行可靠性发展的前景,系统级开发测试应尽可能将实际运行中可能发生的要素全部纳入其中。至少应该在开发测试和评估结束前安排一个独立的全系统测试实验,其操作上均为可能的开发测试事件,并根据系统运行可靠性需求进行操作测试的评估(例如,近似达到可靠性估计的条件组合,已经被广泛理解的失效模式或者可行的设计改进)。[建议13和20]

在运行测试中,理想情况下每个事件的测试持续时间都应该足够长,以便在不同的运行场景和使用条件下,对系统的运行可靠性进行独立的统计防御条件。当运行测试和评估时间受到限制时(例如,运行时间不足或样本量有限)或存在解释性问题(例如检测到测试物品与操作因素的性能存在异质性)时,可能需要非统一的复杂分析方法或多个综合开发和运行测试事件数据的方法来准确评估系统单个测试事件的可靠性。为了解决以往的遗留问题,国防部应确保对后续的操作测试和评估进度进行不断跟进。如果对于系统运行的可靠性尚不满意,那么国防部就不能批准系统进行投放和全速生产,同时也就没有必要分析缺乏可靠性对系统运行的影响以及由此产生的重复系统生命周期的成本。[建议21]

运行测试所提供的运行可靠性不适合应用于较长使用周期的系统,例如材料的疲劳,环境影响和人口老龄化等问题。这些问题应在设计阶段和开发测试评估阶段(使用加速测试)中加以解决,其应该以文本记录的形式保存在系统的可靠性历史数据库中。[建议22]

0.6 可靠性提升模型

国防部应用的可靠性提升模型侧重于测试程序的规划和可靠性数据的评估,其通常会采用一部分常见的分析处理结构。但从文献中研究小组还可以得到其他可能的方法,例如利用硬件和软件系统(代码)中的时间失效数据和离散的成功/失效比进行衡量。现如今还没有特定的可靠性提升模型能适用于所有系统,对于一些数据复杂性较高的情况,研究小组推荐采用非标准且新颖的建模方法进行不断的尝试与调整。[建议10,11和19]

在当前出版的正式的国防部测试计划文件中,每个系统都需要建立一个初始的可靠性提升曲线(即系统可靠性在计划的时期内应该如何描述图形的增长),并在达到了特定里程碑或产生意料之外的测试结果时根据需要修改曲线。曲线可以通过应用可靠性提升模型、结合先前开发程序的历史优先级或采用定制化的混合方法来构建。曲线应该与整个系统的开发测试和评估策略(例如,对于其他不可靠性问题的适应程度)完全协调,并留出足够的灵活性对新出现的测试结果进行响应,同时应该考虑对潜在分析假设的敏感性。建立可靠性提升曲线的策略是非常合理的,这是因为其可以使得系统在开发测试和评估结束时,能够支持独立运行的测试和评估并得到具有可接受统计特征的可靠性数据。在决策个别开发测试事件的数量、规模和构成时,往往应该考虑可能遇到的开发测试/运行测试(DT/OT)之间的可靠性差距,并且尽可能满足开发测试和运行测试评估的时间和资金约束。[建议10和11]

在所有假设条件均满足的情况下,可以使用可靠性提升模型作为将观察到的测试结果与规定的模型相匹配的"曲线拟合"机制,其可以用于追踪早期开发测试中软件的开发进度和模型的成熟度,同时可以用于追踪系统级测试期间的系统可靠性。当总体样本量(即多次测试中失效次数的记录)较多时,建模者可以通过提高与上一次测试事件相关的统计精度来协助问题程序的诊断。然而,当最初的开发测试经历的失效次数远远超过计划的可靠性提升轨迹所预期的失效次数时,则不需要继续细化模型,因为原模型中肯定存在严重的可靠性设计缺陷。[建议9,10和19]

常见的可靠性提升方法的标准应用程序在某些情况下可能会产生令人误解的结果,例如当某些测试事件比其他测试事件的约束条件重要时,或是当系统操作配置文件在不同测试之间发生变化时,亦或者系统功能在开发测试过程中不断增加时。在上述这些非同质情况发生时,建模方需要灵活地运用基于回归的公式或其他复杂的分析方法对系统可靠性的不同组成部分进行独立的可靠性检验。然而，如果没有足够的数据，那么以上这些复杂的模型可能难以被验证。在这种情况下，研究小组应该认识到可靠性提升模型试图将复杂的统计技术应用于数据的局限性。可靠性提升模型的替代规范和相关统计方法的鲁棒性可以通过仿真方法进行研究。对支持性的测试数据范围之外的模型进行外推操作可以用于对未来时间点的系统可靠性提升模式进行预测。从项目监督的角度来看，可能存在的一个特例是评估系统在开发测试过程中可靠性不足时的可靠性提升潜力要远低于初始目标值或持续低于一系列目标值的情况。结合具体失效模式数据和测试环境细节的可靠性提升方法可以证明，除非重大系统进行重新设计或机构可靠性管理方法得到较大改进（即基本上采用新的可靠性提升方法），否则系统最后成功的概率微乎其微。[建议10和19]

0.7 建议列表

建议1：负责采办、技术与后勤的国防部副部长应确保对所有替代方案的分析都包括了对系统可靠性和任务成功之间的关系评估以及系统可靠性和系统生命周期成本之间的关系评估。

建议2：在发布RFP之前，负责采办、技术与后勤的国防部副部长办公室应发布关于可靠性需求及其相关理由的技术报告。该报告应包括系统可靠性与总体采购和系统生命周期成本之间的预期关系，以及说明新系统的可靠性需求是可行的、可测量的和可测试的相关技术理由。在发布之前，该报告应由具有可靠性工程专业知识的专家组成的专家组、用户社区成员、测试社区成员以及分配给此次采购服务以外的其他人员共同审查。研究小组认识到，在真正进行系统建设之前，这些审查与评估大多是猜测性质的，但是随着系统的需求不断明确以及系统的不断发展，这些猜测在很大程度上会得到确证并具有更高的可信度。同时需要注意的是要在RFP完成之前让参与每次特定采购工作的可靠性工程师完整地审阅文件并给出建议。

建议3：任何对可靠性需求提出改变的计划都应该在不低于当前的采购水平的情况下被批准。这种批准同时应考虑任何可靠性变化对任务完成可能性以及生命周期成本的影响。

建议4：在RFP发布之前，负责采办、技术与后勤的国防部副部长应该按要求编写一份概要性的可靠性示范计划，着重说明该部门将如何测试一个系统以及如何评估系统的可靠性提升情况。这些测试的描述应包括用于确定重复测试次数和相关测试条件以及如何定义系统中可能发生的各种失效。同时该概要性的可靠性示范计划中还应该包括充分的技术基础，以便从统计的角度测试和评估当前系统的可靠性，这些测试同样应包括政府测试事件等其他情况。在将这份可靠性示范计划纳入采购计划的 RFP 之前，应由外部专家小组审查其大纲并给出相关意见。同样在 RFP 最终确定之前也应向参与有关采购服务的可靠性工程师征求意见。

建议 5：负责采办、技术与后勤的国防部副部长应确保可靠性是评价系统的关键性能参数。也就是说，可靠性应该被纳入防务采购项目中的强制性合同要求中。

建议 6：负责采办、技术与后勤的国防部副部长应要求所有提案具体说明承包商在设计硬件和软件系统时将使用到的可靠性设计技术。提案预算应该包含设计可靠性技术的成本、相关可靠性工程方法的应用成本以及不同时期预算花费情况。

建议 7：负责采办、技术与后勤的国防部副部长应要求所有的提案都包括系统可靠性设计的初步计划方案（包括将用于合同核查的系统失效的界定方法以及相应的评分标准）以及对其可靠性组织和报告结构的描述。一旦合同获得批准，该方案应定期更新，在主要的设计评审前建立一个不断更新的文档，其中包含承包商对已知的元件、子系统的硬件和软件的可靠性以及系统级别可靠性的最新评估。美国国防部应该全面分析该计划的所有内容，包括相应的更新以及与此更新相关的所有数据资料。

建议 8：军事系统开发人员应该使用现代化的可靠性设计（DFR）技术，尤其是基于物理失效（PoF）的方法来支持系统设计和可靠性评估的技术。MIL－HDBK－217 及其后续文件中存在着严重的缺陷，因此美国国防部在审查提案和可靠性计划文件时应着重强调对于 DFR 和 PoF 的实施。

建议 9：为了采购软件密集的系统和子系统，负责采办、技术与后勤的国防部副部长应确保所有提案都明确了软件开发的管理方案，并要求从开发初期开始直到整个项目完成为止，承包商需要向美国国防部提供软件体系结构的全面访问权限，允许其时时跟踪软件的可靠性情况以及系统开发的归档日志，包括所有失效报告、失效发生时间和失效解决时间。

建议 10：应仔细评估可靠性提升模型中应用的相关假设的有效性。在以下情况下假设的有效性可能存在问题：①进行重要决定时应该考虑结果对替代模型公式的敏感性；②不应该将可靠性提升模型用于对未来的实质性预测。当然在早期开放中可以例外，可靠性提升模型在早期（包括相关的历史数据）可以被用来确定开发测试程序的大小和设计范围。

建议 11：负责采办、技术与后勤的国防部副部长应要求承包商对所有的提案指定一个最初的可靠性提升计划并明确支持该计划的大纲，当然这只是初步文件，其会随着系统开发的进行而不断进行修改。所要求的计划应至少包括对每个测试元件、子系统或整个系统的测试信息，测试预定日期，测试设计方案，测试场景，以及每种测试的重复次数。如果测试是加速测试，那么需要详细描述加速因子。承包商的预算和主要进度表中也应包含每个指定测试程序的成本和测试时间。

建议 12：负责采办、技术与后勤的国防部副部长应要求承包商将所有文件存档并提交给 DoD 审查。这其中应包括有关的运行测试机构,可靠性测试和其他可靠性分析的全部数据（例如建模和仿真）。这些数据应该是全面的,不仅包括来自所有评估的相关数据,同时也包括在生产过程中任一元件通过质量测试的频率,产生缺陷的频率,功能测试的缺陷频率,以及失效案例的原因分析（例如,重复测试中失效的频率,以及如果没有发现错误,那么可以重新进行测试）。此外还应包括所有的失效报告、失效发生时间和失效解决时间。采购合同的预算应该包括单独的一个条目用以支撑国防部可以通过某种方式全面访问这些数据和其他分析文档。

建议 13：负责采办、技术与后勤的国防部副部长办公室或相关服务方案执行办公室应聘请独立的外部专家小组来审查：①严重依赖加速寿命测试或加速降解测试的计划；②该类型测试的结果和解释。尤其当加速测试显示系统具有重要的外部性时,则一定要进行这种评估。例如如果在主要子系统或系统级应用中,由于有限系统测试提供的证据不足而决定是否进行系统升级等问题。

建议 14：对于所有的软件系统和子系统,负责采办、技术与后勤的国防部副部长应要求承包商向美国国防部提供软件的自动测试功能,以使国防部能够自行测试软件系统和其子系统。

建议 15：负责采办、技术与后勤的国防部副部长应对系统设计中任何可能对现有可靠性设计计划和可靠性测试计划产生影响的事件进行评估。同时其还应向美国国防部提供相应的文档,告知其有关资金分配的变化情况。

建议 16：负责采办、技术与后勤的国防部副部长应要求承包商向分包商预先描述每一个元件需要承受的预期环境负载情况。

建议 17：负责采办、技术与后勤的国防部副部长应确保所有采购预算中单独有一个项目用于监督分包商是否完全遵循了可靠性需求,并将这些监督计划在所有提案中进行明文规定。

建议 18：负责采办、技术与后勤的国防部副部长应要求采购合同中应有专门为可靠性设计活动提供的资金,该资金同时能支持承包商进行测试并支持可靠性提升。需要明确的是,在合同签约前就应当考虑好这些资金的分配问题。在签约后对资金分配的任何更改都应考虑其对任务成功的可能性和生命周期成本的影响,并且这些修改至少需要获得采购部门高层的批准才能执行。

建议 19：负责采办、技术与后勤的国防部副部长应要求承包商在向美国国防部交付原型并进行开发测试之前,必须提供先前测试数据以支持系统可靠性的有效估计,这与运行可靠性的要求是一致的。同时应该在所有提案中明文规定这一点。

建议 20：在开发测试结束时,负责采办、技术与后勤的国防部副部长应要求整个系统进行与运行相关的测试以检验系统的可靠性水平是否达到或超过预期。如果没有达到预期,那么就需要进行相应的修改措施与可靠性提升措施。

建议 21：美国国防部不应该允许一个缺乏可靠性且没有正式审查其是否可能产生影响的系统交付使用。缺乏可靠性将会对任务成功和系统生命周期成本造成毁灭性的影响。

建议 22：负责采办、技术与后勤的国防部副部长应实施能充分收集和分析所有部署系统的可靠性数据的采购政策和计划,并提供这些数据以帮助承包商进行闭环改进。同时其应要求收集和分析大量的数据,其中包括关于质量控制方面在运行中可能出现的可靠性问题以及具体的反馈意见,并指出应对这种可靠性问题需要采取的措施。此外,应要求承包商提交全面的失效报告,包括对于所有失效的分析和纠正措施(无论失效项目是否是由另一方产生,例如分包商或原始设备制造商恢复/维修/更换所产生的失效)。

建议 23：在系统投入生产之后,如果没有适当的审查和批准,元件供应商不应该进行任何在制造、装配、运输处理、生命周期、运行操作、磨损和老化以及维护和维修等方面的重大变更。如要进行变更,应由外部专家小组独立进行评审,并将变更的重点放在对系统可靠性的影响上。评审团队应该驻留在美国国防部确定的计划执行办公室中。任何更改是否能得到批准都应该取决于该更改是否会对系统可靠性产生实质性的负面影响以及放弃该更改是否合理可行。

建议 24：负责采办、技术与后勤的国防部副部长应建立一个数据库,其中包括3项从政府测试之前的项目经理和运行测试机构那里获得的要素:①产出,定义为在各个发展阶段达到的可靠性水平;②输入,定义为描述系统和测试条件的变量;③所使用的系统开发过程,即可靠性设计和可靠性测试的具体细节。这些数据的收集应该分别针对主要子系统进行,特别是软件子系统。

建议 25：为了协助提供防务系统可靠性的技术监督，特别是帮助制定可靠性需求，审查有关系统可靠性的采购建议和合同，以及使用可靠性设计方法和可靠性测试监测采购计划，美国国防部应通过内部招聘、咨询或合同协议，或向现有人员提供额外的培训，在以下 5 个方面获取更多的专业知识：①可靠性工程；②软件可靠性工程；③可靠性建模；④加速测试；⑤电子元件的可靠性。

第 1 章　引入和介绍

没有满足可靠性目标或需求的防务系统会极大程度地降低系统的有效性和安全性,并且其会导致本来用于其他防务问题的资金不得不转移过来用于对该系统进行维护和维修。正如读者所知道的那样,这并不是一个全新的问题。本章的第1.2节将重点介绍与此相关的历史概要。认识到这个经久不衰问题的重要性,美国国防部便要求国家研究理事会通过其下属的国家统计委员会针对防务系统的可靠性进行专门的研究。

1.1　研究部门和边界界定

国防部最初要求防务系统可靠性提升方法研究小组针对现有问题只需提供一个完善的可靠性提升模型。该模型将被用于追踪系统在开发过程中的可靠性、实际全速生产中系统的可靠性与系统预期要求的相似程度。然而由于现阶段的防务系统无法达到令人满意的可靠性水平,因此研究小组只能花费更多的钱去请教专家组。很快,该项目的发起人和专家组就认识到,可靠性提升并不仅仅是一套应用于历史测试的统计模型。可靠性应该是通过开发合理需求、设计、工程和测试来实现的。因此,国防部扩大了向研究小组提出的要求,要求其给出在整个系统构建过程中能够提高其可靠性的流程和技术上的建议:[①]

目前的可靠性提升方法项目是国家研究理事会关于改进防务系统可靠性系

---

① 对于第一句中提到的先前报告中的发现和建议列表,参见附录 A。

列研究中的最新项目。期间 NRC 组织了一个研讨会,会上主要探讨了如何利用可靠性提升过程方法(包括设计、测试和管理活动)和专用分析模型(包括估算、跟踪和预测方法)来改进和提升防务系统的可靠性。通过邀请专家参会并进行研讨,该研讨会描述了适用于防务系统的常用和可能的可靠性提升方法。研讨会的范围和项目参与者名单由一个专家特设小组编写,该小组还就整个调查结果汇总编写了最终报告,并向美国国防部提出他们的建议。

作为回应,专家特设小组审查了设计、测试和分析的全过程。研究小组从研讨会会议开始,就可靠性提升的方法开展了从国防部、承包商、学术和商业视角出发的讨论;研讨会议程和参与者名单参见附录 B。此外正如前文所指出的那样,这份报告是建立在国家研究理事会下属的国家统计委员会工作的基础之上的。

研究小组探讨了在系统设计和开发过程中可能应用到的程序和技术,其中包括系统设计技术,此外研究小组还提出了可靠性改进和测试的方法。同时研究小组进一步考虑了何时以及如何使用可靠性提升模型评估和跟踪开发过程中可靠性变动情况和交付后的系统可靠性。此外,鉴于发起人的要求,研究小组另外审查了 4 个不同的主题:

(1) 可靠性需求建立的过程;
(2) RFP 中与可靠性相关的内容;
(3) 最终提案中与可靠性相关的内容;
(4) 采购合同中与可靠性相关的内容。

广义地说,研究小组在整个报告中都反复强调,国防部在整个系统建立过程的各个阶段中都必须优先考虑可靠性问题。这并不意味着额外的成本付出,因为绝大多数情况下,通过降低系统生命周期成本,可以有效降低后续为了提高系统可靠性所支付的费用。对于后者在美国政府问责局的一份报告中也曾提到(2008,第 7 页),该报告发现了许多计划都会在实际使用中遇到大量的可靠性问题:

尽管近年来主要的国防承包商都已经采用了商业化的质量标准,但国防部武器系统仍然存在明显的质量和可靠性问题。在政府问责局审查的 11 种武器系统中,由于质量和可靠性问题给这些系统造成了数十亿美元的损失,并导致延误使用数年时间,使得武器系统的可用性大幅降低。主要承包商以及与需求分析、设计和测试相关的糟糕的系统工程实践是造成这些质量问题的关键因素。

此外,该报告还指出(美国政府问责局,2008,第 19 页):

在国防部的大环境下,在系统开发刚开始时其往往不会重点关注系统的可靠性,这就导致了一旦在后期开发或系统部署中出现可靠性问题,就需要付出更为昂贵的代价通过重新设计或改造活动来进行补救。F-22A 计划说明了这一点。由于国防部作为客户承担了绝大部分项目的财务风险,因此其往往决定将系统开发资源主要集中在可靠性以外的需求上,从而导致了成本高昂的质量问题。最终,在生产运行了 7 年后,空军不得不额外增加 4 亿美元的 F-22A 补充条款来解决诸多的质量问题以帮助该系统达到基准的可靠性需求。

1.2 满足可靠性需求:发展历史与重要议题

在研究小组的研讨会上由 DOT&E 主任 Michael Gilmore 以及负责采办、技术与后勤的国防部副部长 Frank Kendall(AT&L)描述了无法达到可靠性需求的严重问题。自 1985 年以来,在 DOT&E 运行的 170 个系统中,有 30% 都没有达到其可靠性需求。DOT&E 在 2011 财年独立进行的一项审查中发现,15 个系统中的 9 个(60%)都未能达到可靠性阈值。同时在 DOT&E 的年度报告中显示 2008—2011 年未达标系统的百分比分别为 46%,34% 和 25%。

应该指出的是,不能满足可靠性需求并不一定会导致系统不能进行全速生产。"DOT&E 2011 年度报告"总结了 DOT&E 向国会提交的 2006—2011 年中 52 个系统评估的运行可靠性和运行适应性结果:其中有 50% 的系统都未能达到可靠性阈值,且有 30% 的系统被评为不适用。然而,52 个系统中没有一个被停止运行。

国防部估计,在 1985—1990 年之间,对于第一类采购(ACAT I)防务系统,有 41% 的系统都符合运行测试的可靠性需求,而在 1996—2000 年中,只有 20% 的系统符合要求[1]。仅就陆军系统而言,国防科学委员会针对开发测试和评估进行了报告(美国国防部,2008 年 a),其中绘制了 1997—2006 年之间所有的 ACAT I 陆军系统的可靠性测试比较图:只有 1/3 的系统满足其可靠性需求。国防科学委员会还发现,1999—2007 年期间,海军系统满足可靠性需求的比例大幅度下降[2]。这些数字均表明,在 1996—2007 年之间国防部在防务系统采购计划中面临着巨大的问题,特别是对于价格较高的系统(其中包括国防部长办公

---

[1] 美国国防部,2005 年,第 1-4 页
[2] 美国国防部,2008 年 a,第 3 页,第 18 页

室参与过的系统建设)。

在研讨会上,Kendall 强调了可靠性工程对于解决国防部公认的可靠性缺陷问题的重要性。他表示,国防部在系统工程方面没有足够的专业知识来承担多年的国防采购工作,因此,最近部署的许多防务系统在运行测试或者在运行时都没有达到预期的可靠性标准。他强调,这个问题在 20 世纪 90 年代中期非常严重,当时国防部采购改革政策已经出台:这些政策导致了一系列军事标准的摒弃;使得国防部长办公室放弃了在系统质量控制监督、系统工程、可靠性和开发测试中所承担的角色;同时其还导致了服务和项目办公室的人员数目严重削减。

在 2009 年 1 月 15 日的国际测试评估大会上,当时的 DOT&E 主任 Charles McQueary 表示 DOT&E 需要提高防务系统的可靠性,例如在 2008 年,6 个 ACAT I 中的 2 个系统在运行测试中被发现是不满足可靠性需求的[①]。这是一个特别严重的问题,因为由可靠性驱动的维持成本将会占系统生命周期成本中最大的一部分。此外随着系统的发展与服务时间的延长,维持系统稳定运行所需的成本和其重要性只会继续不断增加。

McQueary 强调,即使是在提升系统可靠性方面微小的投资都可以大大降低生命周期成本。为了证明这一观点,他提供了两个具体的例子:两架海鹰直升机,HH-60H 和 MH-60S。针对 HH-60H,MTFB 每增加 2.4h 将使得其 20 年生命周期成本节省 5.923 亿美元;针对 MH-60S,MTFB 每增加 3.6h 将使得其 20 年生命周期成本节省 1.072 亿美元[②]。(有关预算的相关分析可以在 Long 等,2007 中找到。)

几年前,国防科学委员会发布了一份报告,报告中提出了一些调查结果和建议用以解决系统可靠性不足的问题。其中主要包括以下建议(美国国防部,2008a,第 23 - 24 页):

纠正高适应性失效率最重要的一步就是确保程序从一开始就执行可行的系统工程策略,其中包括以强大的 RAM(可靠性、可用性和可维护性)程序作为设计和发展的核心。任何数量的测试都无法弥补存在于 RAM 计划中的缺陷[重点]。

换句话说,在系统开发的最初阶段就要把注意力放在系统工程技术上,从而尽可能地提高系统初始阶段的可靠性。初始设计工作的不足往往导致系统在设

---

① ACAT I—第一类采购,主要用于国防采购。它们被国防部负责采办、技术与后勤的部门定义为最终支出中用于研究、开发、测试和评估的费用,其量值超过 3.65 亿美元(按 2000 美元作为基准进行估计);采购支出超过 21.9 亿美元(按 2000 美元作为基准进行估计);或者其可以定义为高优先级的系统。

② 关于平均失效间隔时间的参数概念参见第 3 章。

计后期的重大调整,而在后期进行重新设计以解决可靠性缺陷所花费的成本要比在系统设计初期的成本高昂许多。此外,后期的设计变更通常会在系统开发中引入其他问题。

国防科学委员会在其报告(美国国防部,2008a,第27页)中也提到:

> 由于取消了规范和标准,采购和测试的人员大量减少,采购的过程也发生了巨大的变化,政府和行业中最有经验的技术和管理人员退休率居高不下,以上这些都对国防部成功执行日益复杂的采办项目产生了不利的影响。

在过去的5年中,国防部对防务系统在开发过程中未能满足可靠性的情况已经能够做出更加迅速的反应。此外,该部门制定并修改了一些指导手册、指令和相关文件从而力图改进现有的做法。这些文件均支持在前期采用更多的可靠性工程,使用更加全面的可靠性提升测试,以及为规划和其他目的采用更多的可靠性提升模型[1]。

最近国防部发布的两个重要的文件是 DTM – 11 – 003(其改进已被纳入 DoDI 5000.02 的最新版本)[2]和 ANSI/GEIA – STD – 0009[3](详情见附录 C)。尽管 ANSI/GEIA – STD – 0009 在防务采购中没有被强制性地使用,但采购项目经理和承包商则将其作为开发可靠防务系统的重要标准之一。

研究小组的报告普遍支持这两份文件的有关内容。因为它们有助于生产和制造具有更高可靠性的防务系统,并且按照如上其要求通过设计和开发,更有可能满足这些系统的可靠性需求。然而,这些文件的设计是相对广泛的,其并不会提供具体技术和工具的细节,也不能用来设计高可靠性的系统或元件。这些文件中也没有提供给开发人员用来实现流程的方法或工具。系统的定制将取决于"客户的资金状况、开发商的内部政策和程序以及客户和开发商之间的谈判协议等"(ANSI / GEIA – STD – 0009,第2页)[4]。有关的建议则包括可靠性计划、可靠性概念模型、初始要求的可靠性下降原因分析、初始系统可靠性评估、候选可靠性交易机制研究以及可靠性需求验证策略。

但没有相关理论内容表明这些活动该如何进行。例如,当一个系统还只是

---

[1] 对于这方面相关文档的讨论,参见附录 C。
[2] DTM(指令类型备忘录)是国防部部长、国防部副部长以及国防部办公室主要助理的一份备忘录,由于缺乏时间来执行政策文件披露的相关要求,因此该部分无法在国防部指令系统中公布。
[3] 美国国防部于2009年采用了 ANSI/GEIA – STD – 0009 "系统设计、开发和制造的可靠性程序标准",而放弃了原先的国防部标准。
[4] 来源:http://www.techstreet.com/publishers/285174? sid = msn&utm_source = bing&utm_medium = cpc [August 2014]。

存在于图表中的设计阶段时,应该如何对一个系统的初始可靠性进行评估?应该怎样设计可靠性,以及如何针对不同类型的系统进行可靠性设计?如何确定测试计划是否满足给定的初始可靠性,并通过测试分析和维修将系统的可靠性提升到要求达到的水平?应该如何追踪可靠性随着时间的推移而产生相对较少变动的测试事件?如何知道系统的原型应该在何时以何种方式进行运行测试?

为了给可靠性方法提供更多的可操作性,研究小组目前已经制定了一本手册①,但是其中并没有遍历所有的问题和可能情况。研究小组相信外部小组应该能协助提供一些额外的具体细节以便执行如上这些操作。

鉴于 ACAT I 系统的开发时间较长,因此引入这些新指南和标准以及备忘录后的影响需要等待一段时间才能显现,特别是其中 DODI 5000.02(由于 DTM 11-003)和 ANSI GEIA-STD-0009 的变化。但是,专家组预计,遵守这些文件将对防务系统的可靠性产生非常积极的影响。研究小组支持国防部长办公室最近的许多积极的改变。在这份报告中,研究小组提供了基于这些变化的分析和建议,并详细阐述了亟待解决的工程和统计方面的问题。

1.3 重要术语

防务系统的评估通常分为两个一般性的运行评估:系统有效性评估和系统适应性评估:

(1)系统有效性评估是指"考虑到组织、原则、策略、生存性、操作安全性、脆弱性和威胁性的系统,代理的操作人员在预期用于系统操作的环境中使用系统时任务的总体完成程度"(国防部,2013a,第 749 页)。

(2)系统适应性是指"在可靠性、可用性、兼容性、可运输性、互操作性、战时使用范围、可维护性、安全性、人为因素、人力、可支持性、后勤保障能力、文件记录、环境影响和培训要求等方面考虑系统现场使用时的满意程度。"(美国国防部,2013a,第 749-750 页)。

从本质上讲,系统的有效性在于系统是否能够按照要求的诸多功能完成预定的任务,而系统适应性则是其在需要时(实际运行时)系统各项功能完备的程度。

可靠性被定义为"系统及其元件在规定的条件下完成任务而不发生失效、

---

① 该手册由 TA-HB-0009 制作(TechAmerica Engineering Bulletin Reliability Programmed Handbook)。来源:http://www.techstreet.com/products/1855520[August 2014]。

退化的能力或者也可以定义为支持系统需求的能力"(美国国防部,2012年,第212页)。它可以根据系统类型(连续操作系统或单次系统)、系统是否可维修,维修是否使系统恢复"良好"以及系统可靠性如何随时间变化而不断变化。对于不可维修的连续操作系统,常见的测量指标是MTFB(见第3章)。

系统适应性评估通常涉及另外两个重要的指标,即可用性和可维护性。可用性是指"一个物品处于可操作状态的程度,并且在不确定的(随机)时间点能进行使用的程度"(美国国防部,2012,第214页)。可维护性则是指"在具有特定技能水平的人员使用规定的程序和资源对系统进行维护时,在每个规定的维护和维修水平上维持或恢复到特定条件的能力"(美国国防部,2012年,第215页)。尽管研究小组讨论的一些内容对系统可用性的评估有着一定影响,但本书的绝大部分内容集中在系统可靠性的开发和评估上。适应性的3个组成部分包括可靠性、可用性和可维护性,其有时也被统称为RAM。

在确保系统的有效性之前应该优先考虑系统的适应性问题。毕竟,如果一个系统即使在功能完备的情况下也不能执行其预期的任务,那么系统功能是否完备就并不那么重要了。但是,这种系统适应性的从属属性在近几年已经不是那么分明。直到最近,美国国防部仍把大部分的设计、测试和评估工作的重点放在了系统的有效性上,而假设系统的可靠性(适应性)问题可以在开发后期或实施初期再进行解决(参见美国政府问责局,2008)。

1.4 防务系统的各个阶段划分

从某种意义上说,可靠的防务系统从生产阶段开始就需要设定某些可靠性需求,这些要求预计将与以下几个方面相关:①必须能够成功完成预期的任务;②技术上可达到的;③可测试的;④有着合理的生命周期成本。在签订合同之后,国防部必须投入足够的资金、监督和额外的时间对系统进行开发和测试,以便支持和监督在设计阶段不同可靠性工程技术的应用以及承包商和政府在测试期间对可靠性进行重点测试。这些步骤的执行大大增加了最终系统满足其可靠性需求的可能。发生在可靠性测试阶段之前,在工业中用于产生符合可靠性系统的系统设计工程技术统称为"可靠性设计"(参见第2章和第5章)。在初始设计阶段完成后,应该使用各种不同类型的测试技术改进初始设计并评估系统的可靠性。同时在整个开发过程中均会使用一组模型进行监督和指导,这组模型通常称为可靠性提升模型(参见第4章)。

在设计阶段之后,防务系统将会经历3个不同阶段的测试。"承包商测试"

是一个承包商在设计和开发阶段进行全面测试时所应用的术语,这一测试技术往往发生在将原型交付给国防部之前。承包商测试最初是针对各种元件和子系统级别的测试,其中部分是孤立性测试,有的是界面和交互测试,有的则处于实验室条件下,而有的则处于更加实际的操作条件下,还有的处于加速的应力和负载下。承包商测试还应包括在对元件和子系统进行测试之后的全系统测试:这些测试的最终版本应该模拟国防部实际运行中的真实结构,以便原型以较高的可能性通过运行测试。在一些特殊的情况下,承包商测试接近运行测试的程度是有限的,例如一些飞机和船舶测试等就无法进行相似度较高的模拟。

在最初阶段的承包商测试以原型交付给国防部进行内部测试为终点。而国防部测试的第一阶段则是开发测试,其通常集中于最初的元件和子系统级的测试。之后,国防部测试将着重于全系统测试。开发测试的结果并不能完全代表实际可能发生的运营情况。首先,开发测试通常是完全脚本化的,即友军和敌军的策略与行动的顺序(如果有的话)通常是由系统操作员事先知道并设定的。另外,开发测试通常不以典型的用户作为操作员或系统维护人员。此外,开发测试往往不能充分代表敌对系统的活动和对策。然而在某些情况下,开发测试可能会比实际环境的要求更高,尤其是在加速测试中。开发测试的全过程往往是在很多年之内进行的而不是一蹴而就的。

在开发测试之后,由国防部进行运行测试。初始的运行测试通常是在几个月或相对较短的时间内完成的。其在完整的系统测试下,根据安全、噪声、环境和相关的约束条件,会生成一系列的操作条件进行测试。运行测试比开发测试的脚本要少得多,测试中同时使用了典型维护人员和操作人员。运行测试可以确定哪些系统已经准备好被提升到全速生产阶段,即可以被部署。为此,国防部应将运行测试期间收集到的关键性能参数的测量结果与相关的有效性和适应性要求进行比较,并将其中达到要求的参数应用于实际生产中,而对于未达到要求的参数则应该继续修正改进。

在理想情况下,开发测试在运行测试之前就已经能够确定绝大多数系统可靠性缺乏的原因,因此在系统设计完成最终测试之前,任何需要的设计更改都是可行的。虽然这种修改会导致设计上的变化,但在这个阶段实施修改比以后再进行修改从成本的角度来看要便宜许多。此外,因为时间框架的有限性以及运行测试设计往往并不完善,其并不能发现全部的系统可靠性缺陷,因此不应该完全依赖于这种方法试图发现系统存在的所有问题。

此外由于开发测试通常不会给系统带来全面的运行压力,所以通常不会发现许多设计上的缺陷,但是其中一些缺陷在运行测试中则会轻易出现。这种缺陷可能是由于测试中数据收集技术和估算方法的变化所导致的。要注意的是在开发测试和运行测试中不需要一致的失效界定方法和评分标准。实际上，正如 Paul Ellner[①] 在研讨会上所描述的那样，在绝大多数的防务系统中，针对同一系统，其运行测试评估的可靠性远低于开发测试评估的可靠性。在最终评估哪些系统符合要求时，往往会忽略这其中的差异：因此会造成许多系统在开发测试和评估阶段是满足可靠性需求的，然而在制造完成之后的运行测试中却又不能满足要求。

1.5 可行的解决方案

作为本书的重点系统，ACAT I 防务系统十分复杂[②]。它们一般可以表示为系统中的系统，其往往可能会涉及多个不同的硬件和软件子系统，每个子系统又可能包含很多元件。同时硬件子系统有时会涉及复杂的电子设备，而软件子系统则通常涉及数百万行代码，所有这些子系统都需要支持这些元件的集成和交互的接口，并且有时需要支持其在十分苛刻的条件下运行。

虽然当今防务系统的构成日益复杂，但生产具有高可靠性的系统并不是一个难以逾越的挑战，通过使用或效仿在工业中被证明的最佳实践可以取得长足的进步。

然而国防采购系统和工业体系系统之间存在着显著的差别（参见第 2 章）。例如，国防采购中会涉及一些需要采用完全不同奖励机制的"参与者"，其中包括承包商、项目经理、测试人员和用户，这些参与者的出现都可能影响国防部和承包商之间的合作程度和项目进展。此外，在防务系统中国防部需要承担绝大多数的发展风险，但在私营部门中这种风险往往可以通过使用担保或其他奖励和处罚机制来规避。对这些区别的认识将帮助研究小组找到最好的方式进行系统的可靠性设计、可靠性测试以及建立正规的可靠性提升模型。

在本书中，研究小组研究了工业实践系统与国防部防务系统之间的适应性，研究小组评估了国防部最近开展的可靠性提升计划，并建议其对目前的国防部采购流程进行一定的修改。

如上所述，除了使用现有的可靠性评估技术和可靠性测试技术进行设计以外，研究小组还对可靠性提升模型的发展进行了一定的回顾。这些模型用于可靠性测试预算和时间表的规划，进度的跟踪，以及针对何时可以达到可靠性水平

---

① 在 2011 年 9 月的研讨会上向大会做了报告。
② 虽然 ACAT I 系统是本书重点，但是其中发现的规律和建议是普遍适用的。

进行预测。可靠性提升是设计变更或纠正措施的必然结果，其往往从工程分析纠正或测试中产生的缺陷开始实施。可靠性提升模型中通常包括固定有效性因素，这些因素可以用来估计不同的设计变更在消除可靠性失效模式方面的有效程度。形式可靠性提升模型则需要依赖于系统未经验证测试的实践以及可靠性缺陷与失效模式之间的关系来进行。依赖于这些未经验证的假设可能导致预测值的可信度较差。因此研究小组同时被要求在上面列出的3个应用领域中检查可靠性提升模型使用的正确性。

本书的目的是提供有关工程、测试和管理实践方面的建议。通过在系统开发过程中进行测试更好地促进系统的初始设计并提高可靠性提升前景，从而切实增强防务系统的可靠性。同时研究小组分析了正规的可靠性提升模型在系统可靠性提升方面的作用。

不同的防务系统在可靠性发展方面有着不同的侧重。显然对于不同类型的系统来说，有效的可靠性提升方法是不同的，因此很难找到完全普适的方法。此外，虽然普遍认为在过去的20年中，防务系统的可靠性一直存在较大的问题，但即使是在这个时期，采用了最新的可靠性设计和测试方法的防务系统也达到甚至超过了它的可靠性需求。因此目前阶段的可靠性问题不在于国防部在采购中没有尝试先进的方法，关键在于这些有效的方法并没有被连贯地使用，其总是因为各种原因所导致的预算削减和进度拖延而陷入僵局。

1.6 报告的结构

本书的剩余部分由9个独立的章节和5个附录组成。第2章讲解专题研讨会的情况，侧重讨论商业领域的可靠性实践及其对防务系统采购的适应性。第3章讨论了适用于不同类型防务系统的可靠性指标标准。第4章讨论了构建正规的可靠性提升模型的方法和其在系统中的使用情况。第5章介绍可靠性设计的相关工具和技术。第6章介绍可靠性提升测试的相关工具和技术。第7章讨论与开发测试相关的可靠性提升测试的设计和评估方法。第8章详细介绍与运行测试相关的可靠性提升测试的设计和评估方法。第9章介绍软件的可靠性方法。第10章给出了研究小组的建议。附录A列出了与此相关的国家统计委员会先前报告中的建议。附录B提供了研究小组研讨会的议程。附录C描述国防部最近发布的在支持系统可靠性提升方面的正式文件以及其相关的变化。附录D提供了对MIL HDBK 217的评述，这是一本提供电子元件可靠性信息的国防手册。最后，附录E提供了研究小组成员和工作人员的简历。

第 2 章 防务系统与商业系统的比较

美国国防部(DoD)在提供对采购过程的监督和管理方面存在着一些问题，研究小组将其定义为可能由于研究小组审查所产生的问题。为了帮助研究小组尽可能清晰地理解这些问题，他们首先简要回顾了商业产品系统的开发步骤，特别是那些产品被认为产自具有高可靠性的公司。针对这个话题的讨论是研讨会的一个特色，它着实有效地启发了研究小组之后的具体研究。

在整个报告中，研究小组经常会在公认的生产高可靠性系统的商业企业和防务采办的现行做法之间进行关于系统开发的隐式和显式比较。这样的比较被证明是卓有成效的，但同时研究小组也没有忘记防务采办中的系统开发与商业系统的开发之间存在着重要的区别。

本章的 2.1 节讨论商业系统和防务采办系统之间的主要区别。2.2 节讨论在可靠性方面采用防务采办激励机制的效果。2.3 节介绍洛克希德·马丁公司的 Tom Wissink 和雷神公司的 Lou Gullo 所提供的最佳实践案例，这两个公司在开发可靠的防务系统方面都有着丰富的经验。

2.1 3个关键区别

商业系统和防务采办系统的第一个主要区别是防务系统的庞大性和复杂性。在开发、制造和部署复杂的防务系统(例如飞机或陆地车辆)时，需要处理众多的子系统与其之间的关系，其中每个子系统的复杂度都相对较高。这个特点本身就给管理和技术方面带来了巨大的挑战：例如，一艘船可能只有一个项目经理，但其会有100多个采购资源经理。此外防务系统可能是广泛架构中的单个元件(例如,命令、控制和通信单元,即C3网络),随着架构元件在其获取和部署的各个阶段中的进展,独立的接口需求需要不断进行整合和交互,新系统也可能需要与传统系统进行连接。此外,防务系统往往力求结合新兴技术。虽然非防务系统也可能是非常复杂的,并且是使用新技术的,但是它们的发展往往是渐进式的,因此其要比防务系统的构建更为简单。

第二个主要区别是商业系统和防务系统在计划管理中存在着显著的差异。商业系统的发展大体上是基于单一视角的,其往往体现在由同一个项目经理进行控制,该经理具有明确的利润动机和其对需求、系统设计和开发以及系统测试的直接控制能力。相比之下,防务系统的发展则存在一些相对独立的"代理人",其中包括系统开发承包商、国防部项目经理、国防部测试人员和承担监督职责的国防部长办公室等。此外还会包括与承包商有不同的关系,而非从制造商处直接购买商业产品的军事用户(见下文)。

不同的面向对象就导致了不同的观点和不同的激励机制。特别地,承包商和国防部代理人之间的信息是有限共享的。在考虑系统可靠性时,缺乏沟通往往最终成为一个严重的制约因素,因为这种行为阻止了国防部对系统开发和运行测试的可靠性提供更为全面的监督。同时这也限制了国防部将其测试计划的目标锁定在造成系统可靠性不足的系统设计方面。一旦承包商将原型提供给国防部进行开发测试,系统设计时的过度集中则会导致其错过有效提高系统可靠性的机会,更不用说在运行测试阶段了。

防务系统和商业系统之间的第三个主要区别是在风险方面。在商业系统中,如果开发了可靠性较差的系统,制造商会承担其所带来的绝大部分风险。这些风险包括产品销量低、保修费用增加、企业的信誉降低,以及制造商(例如机车和飞机发动机)维护系统的生命周期成本增加。因此,制造商有着强烈的意愿使用可靠性工程方法,以确保系统在交付时达到客户要求的可靠性目标。

然而,对于防务系统而言,政府和客户(即会使用该系统的军方服务人员)通常要承担由系统可靠性低所造成的绝大部分风险。因此这就导致了系统开发人员在采购过程的早期没有很强的动力解决可靠性目标,特别是在难以量化(看起来)由昂贵的可靠性改进工作所带来的实质性收益时。

第三个问题是非常重要的:如果开发者分担了一些风险,那么即使没有国防部的监督,他们也很可能会在开发早期就关注到系统的可靠性问题。因此通过建立奖惩制度(无论是在开发阶段还是在交付之后)的风险分担措施是为达到(或超过)目标水平或最终可靠性需求的一个重要组成部分。

虽然国防部有时会采用激励机制来奖励承包商开发出超出可靠性需求的系统的情况，但研究小组很少会要求防务系统提供相应的担保制度，从而在未能满足系统可靠性需求的时候要求承包商进行赔付①。同时在考虑奖励机制时，研究小组对于这种金钱激励能否成功地激励开发者使其更加重视满足可靠性需求的效果并不知晓。与本书相关的一个想法是，激励可以在开发过程中可观测到的中间点进行应用，对满足中间可靠性的目标系统给予奖励，对未满足中间可靠性目标的系统进行处罚。（见第7章的讨论部分）

2.2 防务采购激励机制中的问题

在考虑激励机制时，研究小组注意到在发展过程中必须要考虑的一些复杂因素。首先，激励机制必须要基于这样的认识：一些发展性问题比其他发展性问题要求具有更严格的技术性。对于没有及时交付原型或交付的原型不符合可靠性需求的惩罚很可能会阻碍高质量的开发商对这些开发合同进行竞标，因为开发过程中往往存在很大的风险。最好的承包商往往可能是那些知道满足可靠性需求有多艰难的承包商，因此考虑到这种情况，这类承包商可能担心由于某些无法预料的事情而招致处罚从而不提出采购计划的建议。因此国防部应该将积极或消极的激励处罚措施与特定系统的相应挑战联系在一起进行讨论。

在采购过程的后期阶段，在交付原型之后而不是在中间的开发过程中提供针对性的奖励（或惩罚）具有能够使用更为直观信息的优点，因为可靠性系统所达到的水平在这一阶段可以通过国防部的开发测试和运行测试来直接评估。但是对于较早的可靠性中间目标来说，评估是由承包商进行的，所以一个激励机制可能导致承包商尝试以各种其他方法来影响（"游戏"）评估。例如其可以选择测试环境和这些环境的压力水平以避免在某些特定测试环境和压力下可能产生的问题。此外，测试事件对于失效的定义以及测试事件本身是否被认为是"可重复的"，都是需要主观进行判断和解释的。同样值得注意的是，对中间可靠性目标的测试不太可能有较大的样本量，因此这样的估计具有相当大的不确定性。因此，根据所使用的决策规则，在激励机制的决策中可能存在巨大的有关消费者或生产者的道德风险。

最后，如果对交付时间表提供足够的激励机制，则可能引发另一个忧虑：提

---

① 关于涉及产品保证机制的问题，参见 Blischke 和 Murthy（2000）。

前交付和达成可靠性需求之间的折中。因为生命周期成本和系统总体性能均对系统可靠性较为敏感,因此以在可靠性方面牺牲灵活性来满足僵化的时间期限通常是下下策。

2.3 商业最佳实践视角

研究小组在2011年9月召开的研讨会中,要求洛克希德·马丁公司的Tom Wissink和雷神公司的Lou Gullo探讨了目前用于开发可靠系统的最佳实践,以及国防部应该如何在提案和合同要求中改进并支持这些最佳实践的执行工作。研究小组要求他们讲解其公司采用的可靠性设计方法、可靠性测试和可靠性提升模型的使用方法。此外研究小组还要求他们评论采用ANSI/GEIA-STD-0009和DTM 11-003所带来的变动影响,并就如何在未来更好地推进建设更为可靠的防务系统提出自己的建议[①]。为了回答研究小组的问题,Wissink和Gullo不仅总结了自己的实践经验,而且还与公司的工程师进行了详细的交谈。他们在研讨会上以书面和口头形式进行了汇报并给出了答案。总的来说,Wissink和Gullo认为,设计可靠性需求应该:

(1) 识别和减少设计缺陷;
(2) 检测和解决关键失效;
(3) 考虑系统的特征并进行连续的设计改进以减少可能发生的失效,并降低整个系统或产品生命周期的总成本。

关于可靠性设计需求的沟通问题,他们表示,每个采购合同都应该规定:①系统可靠性需求是一个关键的性能参数指标;②系统开发过程中应该执行哪些可靠性工程活动来实现具体的可靠性需求;③验证可靠性所必须的手段。"作为提案中可靠性设计的一部分,可靠性提升管理是采取特别的行动来提高随时间变动可靠性的一种方法,其往往包括从开发早期就在系统/产品生命周期中对可靠性标准进行评估",Wissink和Gullo写到。

Wissink和Gullo建议在国防部采购申请中将书面的可靠性提升管理计划和可靠性提升测试计划作为综合测试计划的一部分。此外在开发周期中还应该有一个"可靠性提升激励奖励计划和激励费用计划"的文件,从而使得承包商可以为了获得额外的激励费用而进行超出客户期望的可靠性提升改进。为了达到指定的可靠性水平,可靠性提升管理计划需要详细描述子系统、产品和元件的可靠

---

① 请参阅第1章的脚注④和⑤来了解上述这两个文件的作用。

性提升曲线系统。

可靠性提升管理"包括可靠性评估和各种类型测试（例如,加速寿命测试、高度加速寿命测试等）,测试时间表中充足的测试时间以及测试样本的测试计划,"此外,他们写到,可靠性提升管理提供了"跟踪从系统级到组装或配置项目级的可靠性提升手段,并有能力监控整体进度……"它还包括了"在开发阶段的时间间隔内允许实施变更与纠正从而可以在每次后续的设计修改中产生积极的可靠性提升。"

Wissink 和 Gullo 扩展了美国国防部在 RFP 中的要求。他们表示,该提案应该要求生产每个主要子系统的不同承包商提供一个可靠性提升曲线①来显示随着时间的推移预期的系统可靠性提升情况。这条曲线应该是由国防部批准采用的某一类标准模型。用于实现这一目标的软件应该为程序管理提供标准的输出报告,以验证特定程序的可靠性提升趋势。

他们表示,这些产出应该绘制随时间变化的可靠性提升曲线(对于每个主要子系统),同时提供以下信息：

（1）预期的起点(初始可靠性),该起点提出的背景、数据支持以及选择起点的理由；

（2）在开发计划期间计划用来验证起点的测试次数；

（3）预期的可靠性提升情况与数据源选择以及图表上不同点选择的基本原理；

（4）产生该曲线所需的测试次数,这些测试的时间表,以及为纠正预期发生的失效,提高设计可靠性而实施的计划变更时间表；

（5）对于起点的风险评估,可靠性提升曲线以及满足增长曲线上所需可靠性水平必需的测试次数。

他们还指出,每个国防部采购计划书和测试评估总体规划或系统工程计划"应该要求承包商提供可靠性提升管理计划和可靠性提升测试计划,作为集成测试计划和可靠性提升的一部分。"

Wissink 和 Gullo 的介绍以及关于这一主题的研讨会使研究小组更好地了解了承包商愿意提供支持可靠性系统生产的方法和措施。然而,研究小组注意到他们对于一些结论的适应性有所保留。

国防部系统的复杂性与其各自"主要子系统"的构成存在着很大的差异。研究小组不认为每个国防部系统的每个主要子系统都应该建立一个正式的数学

---

① 可靠性提升曲线是未来可靠性提升随时间变化的函数。参见第 4 章。

可靠性提升曲线，尽管为每个主要的子系统建立增长计划和展示其可靠性计划是必须的。对不同主体系统及其主要子系统实施的可靠性提升工具的批准应由国防部进行，其同样需要审查和批准相关的测试和评估文件。此外，研究小组并没有想收集汇总国防部批准的可靠性提升工具清单。正如整个报告中所讨论的那样，这些工具的可行性和适应性需要针对具体情况进行具体分析。

第3章 可靠性指标

在 DoD 的采购系统中,可靠性指标是用来表示防务系统在测试中的可靠性与其在可能使用情况下的真实可靠性的一致性统计数据。对于连续作业系统(例如坦克、潜艇、飞机)则需要使用不同的指标,而这些系统又可以被归类为可维修系统、不可维修系统或单次系统(如火箭、导弹、炸弹)。可靠性指标是根据测试生成的数据所计算出来的。

本章将重点讨论一些"可靠性指标",如连续运行系统的平均失效间隔时间。研究小组将分别针对可维修系统和不可维修系统,连续系统和单次系统,以及混合系统进行讨论。

系统在 RFP 中的要求将根据这些指标进行编写,同时国防部将采用这些指标评价与衡量系统的工作和完成进度。跟踪随时间变化的可靠性指标并不断进行系统设计的修改和可靠性提升,产生了对于可靠性提升模型的要求,关于可靠性提升模型将会是第 4 章的主题。

3.1 连续运行的可维修系统

在开发测试和运行测试中,连续运行的可维修系统根据其需要执行的功能以及因系统失效(通常在子系统或元件级别)产生的中断判定其运行效果。为了测量和评估系统运行的可靠性,研究小组将关注的焦点主要放在运行中关键失效的系统模式上,其中包括运行任务失效、关键失效和系统中止 3 个层次。与其相关的测试结果和要求经常通过以下变量进行衡量:运行任务失效之间的平均时间(MTBOMF)、关键失效之间的平均时间(MTBCF)和系统中止之间的平均时间(MTBSA),或者其也可以被定义为在规定的时间内成功完成作战任务而不发生重大失效的概率①、②。

标准的国防部可靠性分析中通常需要3个基础的分析假设:

(1) 恢复活动是指将失效的系统返回到"与新的一样好"的状态。也就是说,首次失效(从测试开始时③)到后续失效之间的时间是服从单一的概率独立分布的。

(2) 对于每个测试样例,其在重复测试中服从相同的失效发生概率(或单次系统的失效概率)。

(3) 常见的失效时间分布(或单次系统的失效概率)与失效率参数 λ 呈指数相关(或者用平均失效时间参数 $\theta = \frac{1}{\lambda}$ 来表示)。

调用上述假设有两个明显的好处:首先是其简化了统计分析的计算步骤,并有助于对结果的解释。其次因为分析是根据观察到的失效次数和审查时间(从最后一次测试失效的时间点到该测试的结束时间)的次数进行的,因此假设一个基本的指数分布便可以得到一个数学上等价的表达式:总测试时间内(在所有测试样例中)观察到的失效总数 T 的期望值可以由服从 λT(或 $\frac{T}{\theta}$)的泊松分布来表示。美国国防部在可靠性、可用性和可维护性文件(RAM)(美国国防部,1982)以及许多相关的可靠性教材中,都采用了这一经典假设(服从均匀泊松分布),并由此得到了较为直观的估计,提供了相应的界限和时间的测试方法。在实践中,系统平均失效间隔时间这一指标习惯上可以表示为总的测试时间 T 除以观察到的失效总数(在所有的测试产品之间)④。这是很容易理解的,因为系统平均失效间隔时间可以直接与测试事件预测的可靠性或需要由测试事件证明的可靠性相比较。

虽然上述假设具有良好的分析可追溯性,并且在国防部评估个别产品的可靠性方面被广泛地使用,但其可行性和真实应用价值仍值得进一步探索和考虑。在许多情况下(例如,在一个有很多组成部分的系统中),另一个从实际上看更

---

① 物流计划人员不应该忽视较低级别的失效,特别是当这些失效会导致长期的修正成本时。

② 另一个不在本书范围之内的重要指标是操作可用性,即一个系统在操作上能够长期执行指定任务的时间比例。计算操作可用性需要估计由计划和非计划维护活动导致的系统停机时间。

③ 测试样例可能会经过预测试,并根据情况进行检查和维护。

④ 在上述3个分析假设中,平均失效间隔时间与失效平均时间或首次失效平均时间的含义相同,只是采用了其他术语进行表示。

为可行的假设是：维修或更换单一的失效元件只会对系统状态产生较小的影响（相对于失效之前的状态），因此系统可能被恢复到近似"一样糟糕"的状态，而不是假设回到"一样好"的状态。这种观点将适应于更复杂的情况，其中系统的失效率可能不会随着时间的变化而保持不变（例如函数始终单调递增，即随着操作时间的累积而倾向于发生更多失效的老化物品）。灵活的统计模型和分析方法将会适用于这些更为一般的情况，例如参数估计和非参数估计在这种情况下都是可以被广泛应用的（例如，Rigdon 和 Basu，2000；Nelson，2003）。但是样本量的精确估计需求，可能会导致需要提供的样本测试量超过一般的开发测试或运行测试所要求的测试数量。例如，对于单个测试物品可用的总测试时间通常是相当有限的，大概只有几个生命周期（按照规定的可靠性需求测量），有时甚至小于一个生命周期。另一个关于描述非恒定失效强度的解释模型的问题是：对于已经完成开发测试和运行测试的系统应该给出一个怎样的报告来比较某一特定时间内的平均失效和可靠性需求之间的差异（没有考虑时变强度）？

样本量的限制同样可能妨碍对单个或一组试验物品的异质性进行检查。当数据充足时，可以使用统计方法检验一些潜在假设的正确性，例如在不同的生产过程中是否存在变异性，是否可以考虑从正式的评分和评估中删除异常值（例如，可能由于一些人为的因素产生的异常值）等。但是，需要注意的是在对任何特定方法进行修正前都应该判断上述内在假设（如上面的假设（1）和（3））的敏感性。

虽然以往有足够的先例表明按指数分布的失效时间是合适的（例如，对于电子设备或对于系统老化不是主要影响因素情况下的"无记忆"系统），但是并没有科学的依据可以排除其他分布形式存在的可能性。例如经常用于工业工程中的更一般的双参数韦伯分布（其特例是指数分布）。由观测到的失效时间和统计上的拟合优度程序往往可以指导系统的可靠性分析，通过拟合函数可以确定来自给定测试记录数据的特定分布类型。当重复测量的失效（记录在单独的测试文档中）被纳入分析时，回到"和新的一样好"状态的假设合理性就值得仔细审查。

不同的估计方法和置信区间选择的方法与不同的失效分布方式有关。分布函数的数学形式可以提供参数估计（例如，指数分布的平均失效间隔时间）与系统在规定的时间段内没有发生严重失效概率之间的直接联系（例如，任务可靠性）。对于给定的一组失效数据，不同形式的失效时间分布可能会导致平均失效间隔时间的不同估计，并且通常会导致对任务可靠性的估计发生变化。对于单参数的指数分布，平均失效间隔时间与任务可靠性之间存在着一一对应的关系。但是在其他分布类型中则不会发生这种情况。

在上面的假设(3)中暗含的另一个假设是,当测试物品被维修并返回工作时,其环境和操作条件保持不变。除非采用统计推断方法,否则单一测试所观察到的失效数据所产生的可靠性估计值应该仅能够用于解释该测试的评估情况①。影响因素的可能变化(例如,测试特点的描述或者过去使用的或维护和存储配置文件的变化)在系统可靠性构建中可以被描绘为回归模型或分层结构模型。例如,只要有了足够的测试数据,那么就可以评估储存条件的变化是否会对系统的可靠性产生影响。一般而言,对于这些更复杂的系统可靠性,需要有更多的样本量支持参数估计的正确性。

3.2 连续运行的不可维修系统

连续运行的不可维修系统(例如电池、远程传感器)直到失效发生或者直到出现一些信号或警告表示系统即将达到其生命终点前都能正常使用。这也就意味着,每个系统最多只能遇到一次失效(根据定义,失效发生后无法进行修正并恢复服务)。一些需要经常进行小维修的系统在灾难性失效发生的情况下(例如喷气发动机)可以被看作是不可维修的。

对于这些系统,可靠性指标的相关指标标准是平均失效时间。从实验的角度来看,不可维修系统直到失效前一直可以被测试,或者可以根据审查方案进行测试,从而不需要所有的样本都达到失效后才能终止测试。这两种方式提供的测试数据可以对系统的预期运行寿命及其变化进行充分的估计。此外,还可以分析开发模型,将预期剩余寿命与其他相关伴生数据联系起来,例如关于过去的环境或使用历史的记录信息、累积损害的程度或从系统传感器上获得的其他预测指标。

不可维修系统在商业环境中很常见,但在国防部采购Ⅰ类测试中则很少见。然而,以预后为基础的可靠性预测评估在降低防务系统生命周期成本方面仍然占据重要地位(Pecht and Gu,2009;Collins and Huzurbazar,2012)。系统程序管理员(美国国防部,2004年,第4页)被要求在降低成本、提高效益的可行性前提下,通过"嵌入式和非设备应用中的诊断、预测和健康管理技术"优化系统的操作和运行。

---

① 测试条件与操作场景的相关性问题将在第4章中进行讨论。

3.3 单次系统

在特定的开发测试或运行测试下对于单次(或"走/不走"类型)系统的测试可以包含若干个独立的个别试验(例如,单独发射若干枚完全不同的导弹),其中每一次观察到的性能都可以被表征为"成功"或"失效"两个完全不同的方面。3.1 节中的假设(1)在这种情况下通常不再密切相关,这是因为一个测试样例有且只能运行一次[①]。但是假设(2)和(3)以及前面讨论的大部分内容还是始终正确且有效的。一个例外是在单次系统中采用单参数伯努利分布来建模。

一个相关的可靠性指标是估计的成功概率。估计值可以是"最佳估计值",也可以是"已证实的"可靠性,因此指标值可以表示为成功概率的一个特定的统计置信区间的下限。由于可靠性取决于环境条件,因此可能需要在特定条件下进行可靠性的估计,而不是得到一个广义的可靠性。它可以被定义为单独的规定条件集合中用于建立操作配置文件以及场景或预定的条件集合。系统可靠性的估计来源于观察到"成功"的试验占总体上用于测试事件或测试因素的所有特定组合实验(例如使用逻辑回归模型)的比例。估计值需要与特定的测试情况相关。在充足且充分的数据条件下,统计模型可以外推或内推到其他的变量组合。

3.4 混合模型

系统可靠性的混合模型,综合体现了失效时间和成功概率两个方面,其也能够适用于某些特定的测试环境。例如,一些巡航导弹(没有主动式弹头)专门用于测试飞行中的可靠性,其长时间装载在飞机上以模拟巡航导弹飞行任务的真实情况。观察到的系统失效在逻辑上可以从平均失效间隔时间的角度进行检查,从而便于建立对应不同操作任务场景下目标范围的飞行可靠性估计。同时为了获得总体可靠性的测量结果,在相同的开发测试或运行测试事件中,可以通过单独的一次性测试来估计成功概率的估计值,这些测试的重点在于考察其他非飞行类的巡航导弹性能(例如发射、目标识别、弹头激活和弹

---

① 可能存在例外的情况。例如,在试验中未能发射火箭其存在的可能是可以被维修的布线问题,在迅速解决该问题后该火箭又可以重新引入试验计划。

头引爆)。

在这个例子中,测试模式(涉及可维修的测试物品)与操作系统的战术使用(单次发射,无法恢复)是不匹配的。从操作的角度来看,巡航导弹的关键飞行可靠性指标是平均失效时间。需要注意的是,当假设(1)不成立时,这个概念与平均失效间隔时间的概念有所不同。

3.5 对国防部现有工作的评价

在任何系统测试开始之前需要明确在各个中间测试程序点上的可靠性需求和中间的过程性的可靠性目标。因此,在国防部采集测试和评估环境中采用简单平均失效间隔时间和成功概率指标是合理的。对于给定的开发测试或运行测试的事件,可靠性数据的性质以及测试环境的细节(包括测试物品的组成和特性)都是已知的。这些信息可以用来支持开发替代模型和描述测试中可靠性性能的相关形式指标标准。

通常在可用的测试数据有限的情况下,标准平均失效间隔时间和成功概率这两个指标很适合描述系统级的可靠性。但是,如果存在更先进合理的评价标准,特别是如果这些标准可能会产生支持可靠性或后勤保障能力改进的相关信息并实质性地激发提升后续测试的可靠性时,那么就应该选用更先进且合理的标准。如果考虑更加复杂的分配方式并采用更复杂的设计方法,考虑参数与存储、运输、任务类型和使用环境的方法,在系统投入使用后可靠性的评价可能会变得更为准确(对于某些类型的现有系统)。此外可靠性数据在考虑到开发测试和运行测试的可用性时可能会发生重大的变化。

这里有几点值得注意。对于任何系统,无论是在开发计划中还是在部署之后,都不存在失效之间的单一平均时间或者首次失效的实际平均时间(Krasich,2009)。系统可靠性是系统在给定的测试或操作条件、压力和操作概况下的函数,而且系统的可靠性可能会随着时间而不断变化。此外,系统可靠性同样也受到系统本身(即被监测的测试物品或特定部署的物品)组成的影响,其可能包括不同的设计方案、制造过程、过去和当前的使用情况以及维护等。因此对于系统可靠性的平均失效间隔时间,首次失效平均时间或其他参数的指标在应用中都需要进行相应的解释。

运行可靠性是根据防务系统达到全速生产状态并部署后遇到的一个或多个作战任务的运行情况来定义的。理想情况下,系统级开发测试和运行测试将模仿或合理地捕获到这些运行环境的关键属性,特别是在运行测试和开发测试的后期阶段。然而,要充分理解这些测试事件在现实当中的意义是很难的。此外,高效的开发测试策略(特别是在系统的功能性能力逐渐显现时),尤其是在开发测试的早期阶段,不可能轻易地完成对系统运行可靠性的检查。此外还需要再次强调的是,应该着重区分系统开发可靠性和系统运行可靠性之间的差异。

第 4 章　可靠性提升模型

本章专门用于回应研究小组负责的一个专项项目,用以考虑美国国防部(DoD)采购系统的可靠性提升模式。可靠性提升模型是用来估计或预测系统可靠性改善情况的模型,其往往作为所执行的系统测试部分的函数。可靠性提升模型有 3 种不同的使用方式:①帮助制定防务系统的早期测试计划;②评估当前所实现的系统可靠性;③评估开发中的防务系统是否能在部署之前满足其可靠性需求。本章考察了这些模型所采取的具体形式以及它们在 3 种不同应用中的一些优缺点。研究小组从概念的讲解开始,之后主要关注通常使用的硬件可靠性提升模型,并考察了它们的应用以及在国防部使用中的表现。软件的可靠性提升模型详见第 9 章。

4.1　概念和示例

国防部应用的在开发过程中实现可靠性提升的传统流程是测试、分析和维修(TAAF)。它包括系统级开发测试和发现失效问题之后的评估与原因定位。随后将进行分析以确定潜在的可靠性提升方法(例如,硬件、软件、制造过程、维护程序或操作上的提升),并将其纳入待解决问题表中,并在之后进行设计升级。再下一步是重新测试以验证失效模式是否已被解决或得到一定程度的减轻,并同时检查是否引入了新的失效模式。在开发测试期间,失效系统通常会恢复(通过维修或更换元件)并返回到测试当中。在开发测试过程中重复的测试、分析和维修循环可以随着时间的推移不断"提升"系统的可靠性①。

图4-1所示为可靠性提升的典型特征。图(a)描绘了可靠性实际提升的部分：其增长趋势逐步上升，在较早的测试中出现较大的增益，因为更高失效率（或失效概率）的失效模式在早期更有可能发生，并且在固定时间内对可靠性的提升要比失效率（或失效概率）较低的失效模式大。对于任何正在进行 TAAF 的特定系统，可靠性实际提升的确切模式和范围都是随机的，因为单个失效模式（导致可靠性增益）的发生是随机事件。

图4-1(b)显示了不同 TAAF 阶段（例如，开发测试事件）的可靠性结果是如何连接在一起的。该阶段的主要目标是利用所有可用的数据加强与系统可靠性估计值相关的统计精确度②（在最后一次进行事件的测试完成时获得），并缩小了从最后的测试事件之前相对于单独使用结果的置信区间。通过考虑测试观测值的固有随机性，可靠性的建模可以变得更为平滑。

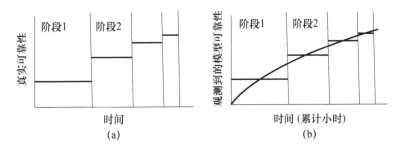

图4-1　应用测试、分析、维修（TAAF）方式的可靠性提升模型

这些方法有3个主要用途：加快开发测试计划的规划（即一系列 TAAF 阶段）；跟踪测试过程中的可靠性表现；预测可靠性超出观测的情况。

可靠性提升模型始于 Duane(1964)在相对复杂的飞机配件的测试中的观察经验。他发现对于所追踪的系统，在对数尺度上，累计失效次数 $N(T)$ 随着累计测试时间 T③ 的增加而线性增加。从那时起，许多可靠性提升模型已经被开发出来（例如，参见 Fries 和 Sen,1996；美国国防部,2011b）。

---

① 可靠性提升的概念可以被更广泛地解释为：包括在进行任何测试前对初始系统设计进行的可靠性改进，即在设计阶段基于分析评估来提高可靠性（Walls 等,2005）。这样的观点同样适用于非操作类型的系统（例如卫星）。

② 这个估计是在最后一次测试完成时做出的。其通常不会考虑任何可靠性设计的改进，因此其可以在最后一个事件完成之后实施，并且已经能够分析出观察到的失效模式。

③ 这种形式的"杜安假设"或"学习曲线属性"相当于平均累计失效次数（即 $N(T)/T$），并且在对数标度尺度上 T 大致为线性的。

连续测试时间的可靠性提升模型可以分为两大类。第一类是建立在随时间推移的累计失效次数的概率框架上的。这些都是潜在的失效过程模型。第二类则直接强加了连续失效时间之间的（在系统层面或单个失效模式层面）数学结构，从本质上模拟了随着时间推移而发生失效的平均时间①。每一类别的模型都已经被广泛地应用和证明。其他技术也已经普遍应用于生物统计学、工程学和其他学科的可靠性提升领域。类似的分类还有离散的可靠性提升模型（例如，参见 Fries 和 Sen,1996）。

可靠性提升模型通常假定连续开发测试的事件之间唯一的变化是事件之间引入了系统可靠性设计从而使得可靠性得到了提升。这个假设限制了模型的适应性，因为它明确排除了实质上不同的测试环境（在一个测试中或跨事件测试）中获得的可靠性数据之间的比较关系。例如，在早期开发测试中基于实验室的测试得到的平均失效间隔时间估计值，比之后的运行测试的估计值要高得多。类似地，在相对不同的测试环境中进行连续的测试会影响可靠性提升的假设。例如，假设系统首先在低温下进行测试，我们发现并维修了一些失效模式。如果下一个测试是在高温下，那么即使系统由于低温下的设计改进而具有较少的失效模式，当前测试的可靠性也可能下降。因为大多数系统都是针对不同环境的，所以有人会说应该针对每个环境生成其单独的可靠性提升曲线。这个想法可能有些偏激，但要记住，可靠性提升是应用于特定条件下的。

绝大多数可靠性提升模型的另一个特点是，任何特定的应用程序都会对整个测试程序中的失效数据进行通用性的分析与处理。因此，在个体开发测试事件中结果的分析灵活性往往会有所降低。另外，几乎所有的可靠性提升模型都缺乏统计置信区间的闭环统一的表达式。对于某些模型其可以推导出渐近的结果，例如在统计上可以从似然函数中获得渐近结果，但是需要适当注意失效事件数据之间的非独立性。参数引导方法的可用性有助于支持可靠性提升模型的统计推断，但迄今为止这个工具的使用仍会受到一定限制而且与其相关的理论证明还并不完善。

在国防部采购系统中，少数可靠性提升模式确实会占据主导地位（参见第 4.2 节）。但是要记住无论在哪种应用中，都不存在一个可靠性提升模型对所有潜在的测试和数据环境都是"最好的"。

常见的可靠性提升模型的推导主要以硬件为中心。然而在实际条件下，可

---

① 一个类别内的模型必然会通过转换生成另一个新的类别模型。但是驱动建模的物理解释并不容易从一种类型转换到另一种类型。

靠性提升模型通常通过使用失效评分法来计算软件性能而非硬件性能。所述的失效评分法是在"系统"失效的广泛性定义下统计所有的(不管是可追踪到硬件还是软件的失效模式)失效。然而,软件失效模式的概率基础与硬件失效模式的概率基础是完全不同的[1]。故而由该模型产生的软件可靠性提升模式可能只适合于一般开发测试设置的可靠性数据。

鉴于一个复杂系统的可靠性实际上是一个多维指标的结果,其可以表示为各种不同失效模式的函数,而这些失效模式的表现则是一个多维输入(定义使用环境的各种因素)的函数。因此由一个一维输入(测试时间)函数生成的一维结果(系统可靠性)并不是一个完备的结论,其往往应该考虑纳入更多的参数。

接下来的4.2节和4.3节将介绍用于可靠性提升常用的国防部模型和国防部应用的可靠性提升模型。这两节的讨论内容将涉及系统的分析目标、潜在假设以及在实际执行中相关模型的解释问题。

4.2 一般的国防部模型

目前国防部的大部分应用中使用了两种可靠性提升模型:一种是系统级非均匀泊松过程模型,其具有特定的时变强度函数 $\lambda(T)$;另一种是 TAAF 项目中发现和消除(或减少)失效模式的竞争风险模型,其可以使系统的其余风险发生的概率降低从而提升可靠性。

第一个模型是具有特定时变强度函数 $\lambda(T)$ 的非均匀泊松过程模型[2]。这个被广泛使用的模型,也被称为幂律模型[3],其常常被用作国防部采购行业的标准。在这个模型中,失效率是 T 的函数,而累计测试时间可以表示为

$$\lambda(T) = \mu\beta T^{(\beta-1)} \quad (\mu>0, \beta>0)$$

这个模型可以用杜安的随机假定表示(Crow,1974),其中 $\log(\lambda(T))$ 是 $\log(T)$ 的线性函数。参数 μ 是尺度参数,而参数 β 则决定了可靠性的情况,其中

---

[1] 在概念上,软件失效模式可以被看作是确定性的,因为在软件被调用以支持具体操作时,代码元素的意义和作用不具任何的随机性。代码要么按预期工作,要么会"失效",并且每次调用相同代码以支持相同的功能时,它会反复显示相同的响应。但是代码被调用以响应特定类型操作的相应速度可以被视为随机的,从而在软件失效过程中产生随机性。

[2] 这类模型的特征是非重叠时间间隔的失效数服从独立的泊松分布。模型的关键定义指标是强度函数 $\lambda(T)$(也称为失效发生率)。一个物理上存在且容易估计的量是累积强度函数 $\Lambda(T)$,其定义为 $\lambda(T)$ 在时间间隔 $[0,T]$ 上的积分。$\Lambda(T)$ 等于时间 T 上的预期累积失效次数,即 $\Lambda(T) = E[N(T)]$。

[3] 幂律模型可以用来表示老旧系统的可靠性,参加 Ascher(1968)。

$\beta<1$ 表示增加,$\beta>1$ 表示衰减。当 $\beta=1$ 时,模型简化为均匀分布的泊松过程模型。

美国陆军装备系统分析活动(AMSAA)在 Crow(1974)和其他人所做的许多报告(见美国国防部,2011b)的基础上推广了幂律模型和各种相关统计方法。事实上,这种幂律模型通常也被称为 AMSAA 模型、Crow 模型或 AMSAA – Crow 模型①。为了适应一次性的可靠性数据,这种连续的可靠性提升模型被不断地扩展,将"失效概率"定义在非均匀泊松过程的条件下,形成了与"失效强度"相类似的建模方式,并建立"学习曲线属性"描述假定的可靠性提升模式。

幂律模型是一种简单的分析表示形式,其有助于各种分析和推理的行为(例如,点估计、置信区间的限制结构和最优拟合估计)。同时它也产生了一些解决重要测试计划和获取监督问题的后续实用方法(见下文)。

虽然幂律模型具有广泛的实际用途,但是其同样存在理论上的问题。首先的一个问题是随着时间的推移可靠性的提升是连续的,而测试则是始终正在进行的(当没有对系统可靠性设计方式进行改变时),并且在从一个测试阶段遵循着某种假定的数学形式过渡到另一个测试阶段(可靠性设计提升方法的实施可以为系统可靠性提供实质性的阶梯式提升)②。

国防部最近使用的第二种可靠性提升模型是基于这样一种假设,即系统中存在大量的失效模式,每种失效模式的运行都是相互独立的并以独立的速率引发系统的失效。在这个模型中,当在测试中观察到失效模式并随后通过系统设计增强去除失效模式时,则认定其在特定的时间点上降低了失效率(不连续,如在 Crow 模型中)。如果维修时不引入新的失效模式,则系统的可靠性可以视为一个阶梯函数③。如果为了能在纠正措施发生之前统一失效模式的概率,可以选择施加额外的假设。例如,对于单次系统使用伯努利分布描绘失效模式并且假设其相关的成功概率服从一个通用的 Beta 分布(Hall 等,2010)。同样,连续操作系统的失效模式可以用指数分布来控制,失效率取自父代的 Gamma 分布

---

① 现在较少见的是命名方式是韦伯过程模型,最初由于观察到幂律模型的强度函数 $\lambda(T)$ 与失效韦伯分布失效率函数的形式一致,因此两个模型相互类似。但是韦伯模型与可靠性提升的设置参数并不相关。例如,在幂律模型构造下的可靠性提升测试结束时,在累积测试时间 T 和超出累积测试时间 T 的情况下对于未来系统其操作的失效时间分布是指数型的,且具有不变的平均值 $\lambda(T)$。

② Sen 和 Bhattachrayya(1993)提出了一个更为合理的可靠性提升模型,该模型与"学习曲线特性"相一致,但是当系统设计改进时可靠性只能以离散的方式增加。

③ 在 Lloyd(1987)提出的两种失效折扣估算方法中,只存在一个基本假设那就是统计独立性,其可以用于评估某些类别国防部导弹的系统可靠性。然而仿真结果表明,这些估计值具有强烈的正向偏差,特别是当真正的系统可靠性在测试程序中仅有少量增加时(Drake,1987;Fries and Sen,1996)。

(Ellner 和 Hall,2006)①。

通过测试研究小组将发现的失效模式分为 A 类或 B 类,分别对应于不会采取或将要采取纠正措施的失效模式(其差异通常是因为成本或可行性的限制)。对于每个确定要实施的可靠性提升计划,相应的失效率或失效概率被假定为可以通过一些已知的固定效率因子来减小,这类因子的输入来自主观专家或相应的历史数据。尽管不同的失效模式的数量是未知的,但通过极限的方法也可以得到易于处理的结果,因为这个计数实际上可以接近无穷大。

幂律模型和失效模式的消除模型可以视为便于将统计方法应用于可靠性试验数据分析和可靠性试验方案评估的简易框架。但是,不应该强制要求使用该模型或不管何种条件任意施加该模型。在使用模型时需要考虑潜在假设的合理性,可靠性测试数据的不一致性(特别是考虑到测试环境的差异)以及分析结果和结论的敏感性。

4.3 国防部模型的应用情况

可靠性提升模型可用于规划开发测试的范围。具体而言,其可以用于衡量指标系统设计在开发测试前满足所有要求所需要花费的时间(美国国防部,2011b,第 5 章)。直觉上来看,这种决策中的关键因素应该包括开发测试结束时要达到的可靠性目标(例如 R_G)、开发测试开始时预期的初始系统可靠性(例如 R_I)和开发测试中的增长率。

幂律公式的结构直接包含了这个概念化增长参数的组成部分,但失效强度函数的极限逼近 $T=0$ 这一点并不符合物理实际。尽管如此,受益于测试初始阶段的数学约束形式,幂律函数提供了可以用来评估从 R_I 到 R_G 增加系统可靠性所需的开发测试时间的方法。该方法通过基于仿真的实验量化了需要怎样的水平来达到规定的统计置信水平从而使得系统的可靠性目标达到 R_G。其他的扩展则侧重于各个子系统(可靠性提升或未提升)②的测试,通过分析聚合的方法量化了可靠性以及系统级别的置信度。

---

① 对于幂律函数方法的扩展,参见 Crow(1983),其通过假设第二个幂律表示形式得以控制首个失效模式对所有观测到的和未观测到的全部失效模式的影响来分析未观测到的失效模式对于整体系统可靠性的影响。

② 当随着时间的推移不断增加系统功能时,当全面系统测试的机会有限时以及当在端到端的操作场景下进行分段或规则较小的测试时,子系统级别的测试和分析可能是合适的。但是这种汇总需要经过仔细的审查才能进行,特别是考察对于名义上的假设偏离的影响以及系统稳健性的影响。

这种方法的缺点是程序化的风险对第一次开发测试事件长度的敏感性问题。测试方法不能基于对单个失效模式的观测来推论整体的缺点（参见美国国防部，2005）。该方法依赖于计划管理中可以直接影响到的计划参数，如可通过纠正措施（即管理战略）解决的部分初始失效率或失效概率、平均固定效应因子，以及与实施纠正措施相关的平均延误率等参数。

图4-2显示了一个用于检查单个失效模式的典型计划曲线（PM-2），其突出显示了输入参数并说明了所有的关键特征①。理想化的模型曲线是假设对所有观察到的B类型失效模式均进行更正并立即受到维修，其最终可以被转换成个人开发测试事件的系统可靠性目标。这些事件的数量和单个事件的测试时间是规划人员可以调整的变量。纠正措施通常在每个测试阶段之后，在此期间可以实施可靠性设计改进②。在每个这样的纠错期之前有一个名义滞后时期，以

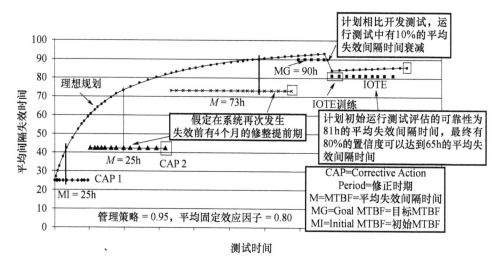

图4-2　PM-2可靠性提升计划曲线
注意：DT=开发测试；IOTE=初始测试运行评估；OT=运行测试；
MTBF=平均失效间隔时间。其关系参见文本的讨论。
来源：美国国防部（2011a,图27）。

---

① 专家组注意到，图4-2和前面讨论的在一般意义上对待"可靠性"的方法，其均可以同时应用于包含连续和离散数据的情况（即基于平均失效间隔时间和基于成功概率指标的时间）。为了简单起见，本章其余部分的阐述通常将重点放在基于平均失效间隔时间的论述上，而不是具有离散性能的并行结构或类似的系统上。

② 并非所有的纠正措施都是在一个测试期结束后实施的，有些测试需要更长的时间来开发和应用。

防止在测试阶段结束时 B 类型失效模式的发生使得系统不能提供足够的时间用于诊断和重新设计工作。最终的开发测试可靠性目标(在图 4-2 中,平均失效间隔时间为 90h)高于初始运行测试和评估证明的运行可靠性目标(运行任务失效之间的平均时间为 81h 或减少 10%)。这种差异可以表示为未被观测到的潜在失效模式,这是运行测试(开发测试/运行测试差距的来源)所独有的。同样,初始运行测试和评估运行可靠性的预期值要高于运行可靠性的要求(运行任务失效之间的平均时间为 65h),从而对系统通过初始运行测试的评估提供了一定程度的信心(降低消费者面对的风险)。

研究小组注意到,PM-2 模型目前被授权使用于 2011 年 6 月 26 日发布的备忘录"提高美国陆军装备系统的可靠性"[①]文档中,摘录如下:

> 所有第一类采购(ACAT I)系统的项目经理(PM)以及可以确定可靠性具有一定运营重要性的 ACAT II 系统的发起人,都应将可靠性提升计划曲线置于(系统工程计划)SEP、(系统的测试和评估总体规划)TEMP 和工程与制造(EMD)合同中并确保美国陆军系统能够获得充足的资源来完成这一要求……通过使用基于模型方法学(PM2)规划模型的可靠性提升计划曲线对可靠性提升进行了量化和反映……如果系统具有特殊的属性,陆军测试和评估司(ATEC)可以与项目经理(PM)协商,指定一个可以进行替代的可靠性提升计划方法。

可靠性提升计划曲线对于制定测试和评估的总体策略,确定单个测试事件和必要的支持资源,以及提供一系列可靠的目标对判断可靠性提升的进展情况来说是至关重要的。DOT&E 主任要求系统的测试和评估总体规划(TEMP)中应出现可靠性提升曲线,但没有规定开发该计划的具体机制。随着项目里程碑的实现或者对未预料到的测试结果的响应,可靠性提升曲线以及整个 TEMP 将不断被更新。

4.4 启 示

DOT&E 提出并定期修订正式的可靠性提升计划曲线的要求是非常合理的。为了生成该曲线,负责项目的办公室需要遵循现有的标准方法或采用其认为合

---

① 该文档可在 http://www.amsaa.army.mil/Documents/Reliability%20Policy_6_29_2011_13_10_10.pdf [2014 年 8 月]上获取。

适的其他方法①。在实践中,更重要的是提出的任何可靠性提升曲线都应完全与整个系统开发中的测试和评估策略相适应(例如,适应与可靠性无关的其他性能问题),并且能够认识到对潜在分析假设的敏感性,并保持足够的灵活性来响应新出现的测试结果。

可靠性提升曲线有3个关键要素值得强调。首先,应该提供一个机制,以便能在早期检查系统设计是否满足可靠性要求。其次,遵守计划曲线应该确定一个发展规划,以便能够通过独立的初始运行测试和评估证明运行可靠性需求实现的可能性。再次,由于计划曲线的构建取决于诸多假设,其中一些假设可能会与后续的测试经验不符,因此需要了解模型的敏感性和鲁棒性,并在需要时及时进行修改。

一旦开发项目开始进行系统级测试,就可以使用可靠性提升方法来估计模型参数,构建描述可靠性如何演变并与计划轨迹进行比较的曲线,并预测到目前为止已经达到的系统可靠性估计水平(美国国防部,2011b,第6章)。可靠性分析师倾向于常规地调用这些方法,特别是在面临预算限制和时间要求时,通过使用所有可用的数据来求助于测试和评估中的"效率"。同样,可靠性提升曲线的本质是方案管理和监督机构密切监测方案的进展情况,支持以"高可信度"分析为后盾的决定。在这两种情况下,可靠性提升方法提供了综合的可访问数据,使得使用者可以直接通过简单的方程式或通过专用软件包调用这一应用。

将可靠性提升方法论视为对系统可靠性进行深入评估的潜在工具是明智的,但不应该事先将其假设为支持这种分析的唯一确定性机制。系统可靠性的全面评估将考虑测试环境的范围及其与不同操作方法的关系,展示单个测试样本和整体的失效模式和相应速率(而不仅仅是系统失效时间),展示来自可靠性工程师和设计工程师的观点,展示来自系统操作员的观测水平,并且展示与正在开发的特定系统密切相关的其他多个潜在重要因素的影响。随后,在经过详细的调查确认后,就可以确定相应的标准化可靠性提升方法,从而为解决具体问题以及描述最终结论提供可靠的依据。

在开发测试过程中记录的可靠性结果与相关的可靠性提升计划曲线预先规定的目标值或阈值不匹配的原因有很多。并不是所有这些差异都应该转化为错误模式,即表明系统可靠性存在问题或缺陷,也不应该假设开发测试结果与可靠性计划曲线的紧密一致就能确保系统运行可靠性的充分性(例如,开发测试可

---

① 在极端情况下,考虑到一个特定系统开发测试时间的意义,以及这类系统通常进行的开发测试的习惯性特征,可以通过一个潜在的平滑曲线来进行拟合,之后通过肉眼判断从 R_I 到 R_G 上一些已经建立的标记的准确程度。

能是不存在代表性的压力的运作情况)。最后,对测试条件的详细理解以及从操作性的实际环境和使用的分歧角度解释出现误差的原因是至关重要的。

良性的系统级测试(例如,早期开发测试中常见的一些实验室或密闭条件测试)可能会导致可靠性结果的膨胀。如果在随后要进行更加真实的负载和压力测试,则从趋势线上可以发现系统可靠性正在快速下降。类似的偏差,无论是正向的还是负向的,都是极可能在开发测试程序中出现的,尤其是当环境和使用情况的压力程度在测试期间不断变动时。即使原本意图是在规定的使用情况下进行统一测试,也可以预期到测试可能会产生的不规则性。Crow(2008)提出了一种在中间预定的"收敛点"(以累计测试时间、车辆里程、完成的周期等表示)来检查使用概况的一致性并相应地调整后续测试计划的方法。

当不断地增加系统功能(例如,在开发时添加软件模块)时,对更先进系统的配置测试可能表现为系统可靠性的相对降低,这主要是因为系统新的不可靠性很可能是刚刚被纳入回应前一次测试的意见。当一个系统与外部系统(即一个不属于正在开发的主体系统的一部分)的操作系统进行交互操作时,类似的情况是很有可能发生的,其中一个外围系统的修改(可能作为其自身开发周期的一部分)在主体系统的后续测试中引发了针对主体系统测试的"失效"。

在某些情况下,测试系统的可靠性可能远远低于计划的可靠性,并且经过认真审查后发现其令人失望的原因可能是初始缺陷可靠性设计和可靠性提升计划不充分的一些组合行为。例如,系统第一次开发测试事件中记录的系统可靠性失效的数量可能远远超出了最初测试的设想,甚至可能远远超过了整个开发测试计划(即一套完整的计划测试)。但不幸的是,在国防部最近的可靠性测试中,这种结果经常出现。另一个令人不安的情况是,在一些测试事件发生后,可靠性估计值远低于目标值,同时新的失效模式数量依然继续增加。

视觉上可检测到的与计划曲线的重大偏离本身可以为制定深入的项目评审提供一种触发机制。支持性的相关统计证据可以通过构建置信区间和相关的假设检验来提供,或者通过对系统可靠性估计剩余的"增长潜力"进行评估(推导出在定义的测试中可以获得的系统可靠性的理论上限)。增长潜力的计算可能会表明,除非进行重大的系统重新设计并且寻找专门的机构进行可靠性管理程序的实施(即本质上构成了新的可靠性提升计划),否则该计划很难成功。另一方面,它也可能表明没有强有力的证据证明该项目需要进一步的干预。

确定系统可靠性提升潜力实际上是一种预测行为,可以在功能上推断出可靠性最终能达到的极限。另一个记录在案的预测方法本质上是对系统可靠性进行一个单独的评估,充分考虑到完成可靠性提升测试时显示的可靠性水平,并为最后实施的可靠性改进提供额外的信任。这些方法主要依赖于由主题专家提供的失效模式的固定效应因子的值。如果忽略不可观察的失效模式的影响,则对于原模型可能会产生正向的估计偏差。目前还没有相关的统计有效性方法可以解决这种情况,但是这种设置方式似乎很适用于自引导方法和贝叶斯方法。

当进行中的提升测试表明所达到的可靠性达不到某些关键要求时,那么基于项目的系统可靠性估计则可以提供一种潜在的追溯能力。当差值很大的时候,系统所提供的内在主观性和固定效应因子的不确定性就会限制模型的可信程度。附加的独立可靠性工程分析、专门的验证性技术测试以及后续的系统级测试则可能为其提供相应的保障。

当前对可靠性提升模型状态的描述中出现了一些有关这些模型有效性的疑问。其中两个主要的问题是系统的测试时间往往不能对系统可靠性进行良好的预测,以及可靠性提升模型通常不能表示当前的测试环境。这两个问题引起了使用中对这些模型适应性的忧虑。

如上所述,美国国防部目前使用可靠性提升模型主要有3个目的。

第一,在开发之前,可靠性提升模型可以被用来预测从所推测的初始设计工作到操作阶段可靠性需求中需要增加的测试小时数。因为在系统开发早期对系统知之甚少,难以指定一个明显占优的方法,因此,在这个过程中使用可靠性提升模型是合理的,只要引用特定的可靠性提升模型的核心参数在理论上是可行的(例如,基于类似系统的相似经验)。在非均匀泊松过程模型的情况下,一个可行的方法是通过检查具有类似结构的系统(包括一些基本上相同的已经通过开发测试和运行测试的元件)的可靠性提升模型来选择增长参数β。但目前研究小组无法确定这种方法的普遍适应性。

第二,在开发过程中使用可靠性提升模型可以将可靠性评估与测试事件相结合,以获得并能够持续跟踪当前的可靠性水平。同样这种应用方法对于可靠性提升的判定是合理的,其根本上取决于内在模型假设的验证。然而,似乎在许多情况下,可靠性提升模型只能仅仅作为曲线的拟合机制。在这类情况下,研究小组认为采用可靠性提升模型要明显优于直接回归或时间序列的方法。

第三,可靠性提升模型提供了一定的预测能力,其可以预测最终达到要求的可靠性水平所需的时间或者在特定时间内的系统可靠性。在这里,关于可靠性提升模型的有效性问题是值得思考的,因为外推预测比内插分析需要更加严格的假设与证明。因此,研究小组并不建议在缺乏全面验证的条件下使用这些模型进行预测。即使进行了相应的验证,研究小组仍认为定期产生的真实数据依然会表明可靠性提升模型无法准确预测系统的可靠性。

第 5 章　可靠性设计技术

可靠性设计是用来修改系统初始设计以提高可靠性的一系列技术方案。研究小组认为,美国国防部的承包商并没有充分利用这些技术。这种疏漏可能有多种原因,包括开发系统所需的额外成本和时间。然而,可靠性设计方法可以大大提高系统的可靠性,国防部系统的可靠性将从这些方法中受益匪浅。本章将介绍改进系统设计以提高系统可靠性的技术。

从 20 世纪 80 年代到 90 年代中期,国防部可靠性政策的目标是在设计和制造过程中通过关注可靠性基本原理以实现系统的高可靠性。随后,国防部允许承包商主要依靠"测试可靠性"直到开发结束。这一变化在 2011 年度国会报告关于运行测试和评估导向(美国国防部,2011b,第五版)中已提及:

工业界继续遵循 785B 方法,不幸的是该方法采取比主动方式更为可靠的方法来实现可靠性目标。在这个标准中,大约 30% 的系统可靠性来自于设计,而其余的 70% 则是通过在测试阶段实施的可靠性提升方法来实现的。

这种模式表明系统可靠性提升需要更好的设计实践和更好的系统工程方法 (Trapnell,1984;Ellner 和 Trapnell,1990)。

防务系统的许多开发者依赖于在初始设计阶段之后应用可靠性提升方法以实现其所需达到的可靠性水平。测试 – 分析 – 修复测试是几乎任何可靠性程序的重要组成部分,同时也是可靠性提升测试的重要方法,但是与使用可靠性设计方法的开发方法相比,"测试可靠性"是低效率的。测试可靠性的效率是低下且无效的,这是因为当在系统开发后期发现失效模式时,便修改系统架构并进行相关更改可能会导致交付的延迟和成本的超支。另外,由于系统未能识别设计更改所带来的所有影响,因此在开发后期纳入的维修通常会导致接口出现问题,从而使得现场系统需要大量的维护和维修。

传统的军事可靠性预测方法,如《军事手册:电子设备可靠性预测》(MIL – HDBK – 217)(美国国防部,1991)中详细介绍的方法依赖于失效数据的收集,通常假设系统可以通过独立的"修改器"修改以考虑各种质量、操作和环境条件的失效率(通常假定为随时间变化)。例如,MIL – HDBK – 217 提供了两种预测可靠性的方法,即"应力"方法和"零件数量"方法。在这两种方法中,都假设了一般平均失效率(假设平均工作条件)。这两种方法的缺点是只使用现场数据,但是不了解失效的根本原因(Pecht 和 Kang,1988;Wong,1990;Pecht 等,1992)。这种方法对于预测实际的现场失效是不准确的,此外其还会提供高度误导的预测数据从而导致在设计和物流当中的不良决策。

新兴的方法使用物理失效学和可靠性设计方法(Pecht 和 Dasgupta,1995)。物理失效学使用系统的生命周期负载和失效机制的知识来执行可靠性的建模、设计和评估。该方法基于对系统的潜在失效模式、失效机制和失效位置的识别,以此作为其生命周期负载条件的函数。每个破坏点处的应力是基于负载条件及系统几何形状和材料特性的函数而获得的。损伤模型则被用来确定失效的产生模式和传播方法。

许多可靠性工程方法已经被开发出来,其统称为可靠性设计(可以在 Pecht,2009 中找到很好的描述)。可靠性设计包括一系列支持产品设计和制造过程设计的技术,这些技术大大增加了产品在整个生命周期内满足可靠性需求的可能性,同时整体降低了产品在生命周期内的成本。可靠性设计技术包括①失效模式和效应分析;②稳健参数设计;③框图和失效树分析;④物理失效方法;⑤模拟与仿真;⑥根源原因分析。在过去的 20 年中,许多商业产品的制造商都已经了解到,为了加快系统开发并控制成本(开发成本和生命周期或保修成本),同时仍然能满足或超过可靠性需求,必须将使用现代可靠性设计工具作为实现可靠性需求的程序中的一部分。

尤其是,物理失效学是商业产品制造商为提高产品可靠性而采用的关键方法。传统的可靠性评估技术由于缺乏足够的现场失效数据而严重惩罚使用新材料、结构和技术的系统,但是物理失效学的方法则基于通用的失效模型,这些失效模型对现有设计的效果与对新材料和结构同样有效。该方法通过更现实的可靠性评估鼓励创新设计。

可靠性设计技术的使用有助于确定在设计早期阶段需要进行修改的元件,因为这些元件在早期阶段的更改更具成本效益。尤其是,物理失效学的方法使开发人员能够更好地确定在关键元件的可靠性水平仍然不确定的情况下哪些元件需要进行测试。

福特汽车公司的杨广斌小组介绍了一种可靠性设计的具体方法。杨说,在福特他们开始设计一个新的系统,该系统是采用系统边界图和界面分析来表示的。然后通过计算机辅助工程、设计评审、失效模式和影响分析以及故障树分析来发现可能的设计错误。缺乏稳健性的设计是通过使用 P-图故障进行检查的,其检查了噪声因子应该如何与控制因素和预期的输入信号一起产生输出响应,而该输出响应可以包括各种误差。

本书中强调了评估全系统可靠性的重要性。此外,在开发过程的这个阶段,评估高成本和安全关键子系统的可靠性也将对评估当前系统的可靠性和具有类似子系统的未来系统的可靠性具有实质性的益处。这一步几乎是全系统可靠性评估的前提。

5.1 可靠性设计技术

生产可靠的系统需要从系统设计的最初阶段就进行可靠性规划。通过设计选择的结果评估可靠性通常是通过使用可靠性概率设计来完成的,该概率设计将元件的强度与其在各种环境中所面临的压力进行比较。这些实践可以通过更好的系统设计(例如内置冗余)或通过选择更好的元件和材料来显著提高可靠性。此外,还有一些做法可以提高制造、装配、运输和搬运、操作、维护和维修方面的可靠性。这些统称为可靠性设计的做法可以通过以下几种方式来提高可靠性:

(1)确保供应链参与者有能力生产满足最终可靠性目标所需的零件(材料)和服务,并且确保这些参与者始终贯彻执行这一理念。

(2)确定潜在的失效模式、失效位置和失效机制。

(3)根据物理失效分析和生命周期概况,考虑从设计到制造和装配过程中潜在的失效模式、失效位置和失效机制,从而有效控制系统的质量水平。

(4)在预期的生命周期条件下验证系统的可靠性。

(5)所有制造和装配过程都能够在设计所要求的统计过程窗口内完成。由于材料特性和制造过程的变化会影响系统的可靠性,因此必须对测量和监控的过程特性加以识别。

(6)使用闭环管理和根源追溯的方法管理系统的生命周期使用情况。

根据相应的标准审查内部程序(例如设计、制造过程、存储和处理、质量控制、维护)可以帮助系统识别可能导致失效的因素。例如,由于在供应商规定的操作条件(例如电流、电压或温度)之外使用,可能会导致设备元件的误用。设备元件的误用可能是由于对机器的操作要求进行不正确的改进而导致的。

经过这些准备过程后,便可以开始进行设计工作,其目标是确定一个系统的设计方案和计划,使其在任何正式测试之前均具有较高的初始可靠性。本节的其余部分将讨论几种可靠性设计技术:定义和表征生命周期负载以改进设计参数;正确选择零件和使用材料;分析失效模式、机制和相关影响。

1. 定义和表征生命周期负载

任何系统的生命周期条件都会从以下几个方面影响决策:①系统设计和开发;②材料和元件选择;③资质;④系统安全;⑤维护。系统生命周期中的各个阶段包括制造和组装、测试、返工、存储、运输和搬运、操作以及维修和维护(例如,由于冲击和随机生命周期负载振动对电子元件可靠性的影响,见 Mathew 等,2007)。在其生命周期的各个不同阶段,一个系统将经历各种环境和使用上的压力。生命周期的应力可以包括但不限于:热、机械(例如压力水平和梯度、振动、冲击载荷、声级)、化学和电负载条件。系统退化的程度和速度以及由此产生的可靠性取决于暴露于这种应力的性质、幅度和持续时间。

定义和表征生命周期应力可能是困难的,因为系统可能会遇到完全不同的应用条件,包括位置、系统利用率以及使用和维护条件的持续时间。换句话说,对于任何系统的运行环境并没有确切的描述①。考虑一个通常为家庭或办公室环境设计的计算机的例子。根据用户行为的不同,每台计算机的操作配置文件可能完全不同。一些用户可能会在每次注销时关闭计算机;其他人则可能会在一天结束时关闭一次;还有一些人可能一直在用计算机。此外,一个用户可能会将计算机放置在一个阳光明媚的窗口,而另一个人可能会将计算机放在空调附近,因此,每个系统所经历的温度分布,以及由于热负荷而导致的温度分布就会有所不同。

有 3 种方法可以用于估计与防务系统相关的系统生命周期负载:相似性分析、现场试验和服务记录,以及现场监测。

(1) 当有充分的类似系统的现场历史数据可用时,可以采用相似性分析方法估计环境压力。在使用类似系统上的数据进行设计之前,需要审查比较当前

---

① 鉴于许多系统都配备了传感器和通信技术,这些技术提供了影响可靠性的各种因素的全面信息。但同时这也是预测的局限性之一。

系统与类似系统在设计和应用上的特性差异。例如,商用洗衣机中的电子设备预期将会比家用洗衣机能承受更广泛的负载和使用条件(由于大量的用户)以及更高的使用率。

(2)现场试验和服务记录提供了系统经历的环境概况的估计。数据是试验的长度和不同特征条件的函数,并且可以外推用于估计实际的用户条件。服务记录提供有关维护、更换或维修的相关信息。

(3)现场监测(例如,请参阅 Das,2012)可以跟踪监测系统在系统生命周期中经历的由情况。这些数据通常是由传感器收集的。负载分布可以从不同用户使用的监控系统获得的数据中得到。数据需要在足够长的时间内收集,以提供负载及其随时间变化的估计值。现场监测提供了最准确的负载历史记录,使得其在可靠性设计中最有价值。

2. 正确选择零件和材料

几乎所有的系统都包含由公司供应链所生产的零件(材料)。有必要选择质量足够好的元件(材料),使得系统在应用中能提供预期的性能以及达到可靠性要求。由于技术趋势的变化,复杂的供应链之间相互作用的演变和新市场的挑战,消费者需求将发生快速的转变使得不同的标准也会持续地重组,因此一个经济高效的零件选择和管理过程需要进行这种评估,其通常需要由一个多学科团队独立进行。(关于这个过程参见 Sandborn 等,2008)这种评估包括评估制造商生产具有一致质量的零件的能力;评估分销商在不影响初始质量和可靠性的情况下提供零件的能力;评估零件选择和管理团队根据系统的要求定义的最低可接受性标准。

在接下来的步骤中,候选部分将接受依赖于特定应用的评估。制造商的质量政策是根据以下 5 个评估类别来进行评估的:过程控制;处理、存储和运输控制;纠正和预防措施;产品可追溯性;更改和通知。如果在评估之后该部分不被接受,则评估小组必须决定是否接受可替代方案。如果没有替代方案可用,那么团队可能会采用减轻不可接受元件相关风险的技术方法。

性能评估旨在评估零件满足系统性能要求(如功能、机械和电气)的能力。为了提高性能,制造商可能会采用使产品不太可靠的特性。

一般来说,对于这样的应力源是没有明显界限的,这是因为一旦机械负载、电流或温度高于此界限会立即出现失效,低于此界限将无限期地工作。然而,系统的性能通常存在最小和最大限制,超过该限制,元件将不能正常工作,或者以高概率应对应力所需增加的复杂性将只会带来成本的增加。通常将零件制造商的评级或用户的采购评级用于确定这些限制值。使用这些零件的设备制造商需要调整其设计,使零件不会超出其额定值。零件小组则有责任确定零件的电气、机械或功能性能符合特定系统的生命周期条件。

3. 失效模式、机制和影响分析

失效模式是观察到发生失效(在元件、子系统或系统级别)的一种方式,或者作为替代方式,显示失效的具体方式,例如卡车轴的断开。失效根据系统体系结构进行分级链接,因此失效模式可能会导致更高级别的子系统出现失效,或者可能是低级别元件出现失效,或者两者兼而有之。失效原因被定义为在设计、制造、储存、运输或使用过程中导致失效的情况。对于每种失效模式,可能存在许多可以识别的潜在原因。

失效机制是由物理、电气、化学和机械应力的特定组合引起失效的过程。失效机制可以分为过应力机制或磨损机制,其中过应力机制涉及单个载荷(应力)条件导致的失效,磨损机制涉及累积载荷(应力)条件引起的失效。设计人员了解可能的失效机制对于开发可靠系统的设计是不可或缺的。

失效模式、机制和影响分析是一种用来确定所有潜在失效模式的失效机制和模型,同时确定其中的优先级的系统的方法。它支持基于失效的物理设计以确保系统的可靠性。高优先级的失效机制决定了设计中需要考虑或控制的操作应力以及环境和操作参数。

在确定系统需求和产品的物理特性(及其在生产过程中的变化)、系统材料与负载的相互作用以及它们的影响之间的关系时,使用失效模式、机制和影响分析作为输入可以得到系统在不同使用条件下的易发性失效。这个过程将可靠性设计方法与材料知识相结合。它通过应用条件和应用程序的持续时间了解可能的压力和潜在的失效机制。潜在的失效机制是独立考虑的,而且它们是通过模型进行评估的,这些模型能够针对预期的应用设计系统。

失效模型利用适当的应力和损伤分析方法评估失效的敏感性。通过评估给定的几何形状、材料构造或环境和操作条件下的失效时间或失效可能性来评估失效敏感性。过应力机制的失效模型使用应力分析来估计由于一次暴露于确定的应力条件下而导致失效的可能性。对于过应力模型最简单的表述则是诱导应力与必须承受该应力的材料强度的比较。

通过应力和损伤分析来分析磨损机制,可以计算出由于确定的应力生命周期分布而导致失效所需的时间。在磨损失效的情况下,损坏会在一段时间内不断累积,直到物品不再能承受所施加的负载。因此为了评估失效的时间,必须确定合并多个条件的适当方法。有时,可以分别分析由各个负载条件造成的损坏,并且可以将累积失效评估的结果合并起来。

生命周期概况包括环境条件,如温度、湿度、压力、振动或冲击、化学环境、辐射、污染物以及由于操作条件(如电流、电压和功率)造成的负载。系统的生命周期环境则由系统的组装、存储、处理和使用条件组成。关于生命周期条件的信息可以用于排除在给定的应用条件下可能不会发生的失效模式。

在没有现场数据的情况下,有关系统使用条件的信息可以从环境手册或从类似环境中收集的数据中获得。理想情况下,这些数据应在实际应用中获取和处理。从相同或类似产品的生命周期阶段记录中得到的数据也可以作为失效模式、机制和影响分析的输入。

理想情况下,系统设计和分析应该考虑所有失效机制及其相互作用。在一个系统的生命周期中,不同的环境和操作参数可能会在不同的应力水平下起作用,但是只有少数的操作和环境参数以及失效机制通常可以应用于大多数的失效模式中(Mathew 等,2012)。高度优先的机制是那些可能导致产品在产品预期寿命中相对较早失效的机制。当然这些机制发生在产品应用的正常操作和环境条件下。

当机制可用时,应该使用先前确定的失效模式评估失效敏感性。对于过应力机制,可以通过在给定的环境和操作条件下进行应力分析来评估失效的敏感性。对于磨损机制,可以通过在给定的环境和操作条件下确定失效时间来评估失效敏感性。如果没有可用的失效模式,那么评估则需要基于过去的经验、制造商的数据或手册进行。

在评估失效敏感性后,将适用于系统环境和运行条件下的事故评级分配给失效机制。对于预应力失效的过应力失效机制,分配最高的发生等级为"频繁"。如果没有过应力失效发生,则分配最低的发生等级为"极不可能"。对于磨损失效机制,评级是根据给定磨损机制的失效时间、预期产品寿命、过去经验和工程判断的基准时间来确定的。

失效模式、机制和影响分析的目的是为所有可能的失效模式找出潜在的失效机制和模型,并对失效模式进行优先排序。为了确定失效机制的关键性,一种常用的方法是计算每个机构的风险优先数。风险优先数越高,失效机制排名越高。这个数字是每个机制的检测概率、发生概率和严重程度的结果。其中,检测概率描述了检测与之相关的失效模式的概率失效机制;严重程度描述了机制造成的失效影响的严重性。通过检查过去的维修和维护行为、供应商的可靠性能力以及在最初的开发测试中观察到的结果,往往可以获得关于失效机制的更多见解。

5.2 可靠性评价技术

系统设计的可靠性潜力评估描述的是系统可靠性与最佳实践相一致,并与使用情况相符的程度。通过使用各种形式的模拟和元件级别的测试(包括完整性测试、虚拟鉴定和可靠性测试)估计系统的可靠性潜力。

1. 完整性测试

完整性是衡量制造商进行测试是否合适的一项重要指标,也是衡量制造商在这些测试中生存能力的一个重要标准。完整性测试数据(通常由零件制造商提供)根据生命周期条件和适用的失效机制和模型进行检查。如果生命周期条件的大小和持续时间比完整性测试的严重程度和持续时间要小,并且测试样本的大小和结果是可以接受,那么元件的可靠性也是可以接受的。如果完整性测试数据不足以验证应用程序部分的可靠性,则应考虑使用虚拟鉴定方法。

2. 虚拟鉴定

虚拟鉴定可以用来加速零件在其生命周期环境中的鉴定过程。虚拟鉴定使用计算机辅助模拟来识别和排列与生命周期负载下的零件相关的主要失效机制,并识别给定的一组加速测试参数的加速因子,同时据此确定所识别的失效机制的预期失效时间(例如参考 George 等,2009)。

每个失效模型由应力分析模型和损伤评估模型组成。根据系统失效的时间,输出不同失效机制的排名。应力模型捕捉产品结构,损伤模型取决于材料对应力的反应。虚拟鉴定可用于优化产品设计,使产品任何部分的最短失效时间大于其预期寿命。虽然由虚拟鉴定获得的数据不能完全取代物理测试获得的数据,但通过指出可能的失效模式和机制,也可以提高物理测试的效率。

理想情况下,虚拟鉴定流程将通过使用物理失效建模和风险评估及缓解计划确定优质供应商和高质量零件。这个过程使得虚拟鉴定被纳入产品开发的设计阶段,因为它允许设计、制造和测试迅速而经济地运行。

作为虚拟鉴定过程的一部分,变异的影响可以通过仿真来评估。但重要的是要记住,使用虚拟鉴定结果的准确性取决于过程输入的准确性,即系统的几何和材料属性、生命周期负载、使用的失效模式、分析领域和模型中使用的离散度(空间和时间)。因此,为了获得可靠的预测,需要使用分布函数指定输入的变化,并且需要通过加速测试验证失效模型的有效性(参见第 6 章讨论)。

3. 可靠性测试

可靠性测试可以用于确定系统的限制,检查系统是否存在设计缺陷,并展示系统的可靠性。可靠性测试可以根据行业标准或客户要求进行。可靠性测试程序可能是通用的,也可能是专门针对给定系统所设计的。

设计于特定系统的可靠性测试所需的信息包括预期的生命周期条件、系统的可靠性目标以及在可靠性分析期间确定的失效模式和机制。可以进行的不同类型的可靠性测试包括:设计边界的测试,确定破坏极限,批量生产前的设计验证测试,持续可靠性测试和加速测试(例如,参见 Keimasi 等,2006;Mathew 等,2007;Osterman 2011;Alam 等,2012;Menon 等,2013)。

在进行可靠性测试时,可能需要考虑许多测试环境,包括高温、低温、温度循环和热冲击、湿度、机械冲击、变频振动、大气污染物、电磁辐射、核/宇宙辐射、沙尘和低压。

(1)高温:高温测试可以评估热激活的失效机制。在机电和机械系统中,高温可能会软化绝缘层,由于热膨胀而堵塞运动部件,泡罩涂层,氧化材料,降低流体黏度,蒸发润滑剂而堵塞运动元件,以及由于物理膨胀而导致结构过载。在电力系统中,高温会引起电阻、电感、电容、功率因数和介电常数的变化。

(2)低温:在机械和机电系统中,低温会导致塑料和橡胶失去柔韧性,变脆,引起结冰,增加润滑油和凝胶的黏度,并由于物理收缩造成结构损坏。在电气系统中,低温测试主要是为了加速由于电气材料参数变化引起的阈值偏移和参数变化。

(3)温度循环和热冲击:温度循环和热冲击测试最常用于评估系统内不同元件之间热膨胀不匹配的影响,这可能导致材料的应力过大和开裂,龟裂和分层。

(4)湿度:湿度损失过大会导致电导体之间的泄漏路径,氧化,腐蚀和材料中的溶胀,例如垫圈和造粒。

(5)机械冲击:一些系统必须能够承受机械应力的突然变化,通常是由于搬运、运输或实际使用中运动的突然变化。机械冲击会导致机械结构的应力过大,从而导致其发生减弱、塌陷或机械故障。

(6)变频振动:一些系统必须能够承受由于振动而导致的劣化。振动可能导致机械强度因疲劳或过应力而恶化;可能导致电信号被错误地调制;并可能导致材料和结构破裂、移位或从支架上抖落。

(7)大气污染物:大气中含有空气中的酸和盐等污染物,这些污染物会降低电气和绝缘电阻,氧化材料并且加速腐蚀。混合流动气体测试通常用于评估将要经受这些环境的元件的可靠性。

（8）电磁辐射：电磁辐射可能会导致来自电子元件和电路的虚假信息和错误的信号。在某些情况下，可能会导致通信和测量系统等正常电气设备的完全中断。

（9）核/宇宙辐射：核/宇宙辐射会导致发热和热老化，改变材料的化学、物理和电性能，产生气体和二次辐射，氧化和褪色表面，并损坏电子元件和电路。

（10）沙尘：沙子和灰尘会划伤和磨损成品表面，增加表面之间的摩擦，污染润滑剂，阻塞孔口和磨损材料。

（11）低压：低压会导致容器和罐体等结构的应力过大，从而发生爆炸或破裂；导致密封件泄漏；在材料中引起气泡，可能会爆炸；由于缺乏冷却介质而导致内部发热；引起绝缘中的电弧击穿；导致臭氧的形成；并有可能产生放气等效应。

可靠性试验数据分析可用于为大规模生产前的设计变更提供依据，帮助设计者选择合适的失效模型并估算模型参数，以及修改产品的可靠性预测。测试数据也可用于制定包括屏幕在内的制造测试指南，并为从供应商处获得的材料、零件和子元件制定测试要求。

需要强调的是，仍然在使用的手册 MIL-HDBK-217（美国国防部，1991）并没有为微电子失效机制提供足够的设计指导和信息。在许多情况下，MIL-HDBK-217 方法将无法区分失效的机制。这与"物理失效学评估"形成了鲜明的对比："通过使用有关根本原因失效过程的知识来设计可靠性评估、测试、筛选和评估应力裕度的方法，通过稳健的设计和制造来防止产品失效。（Cushing 等，1993 年，第 542 页）。附录 D 提供了对 MIL-HDBK-217 的详细评论。

5.3 系统失效及其根源分析

失效跟踪活动用于收集测试和现场失效的元件以及相关的失效信息。必须对测试和现场失效进行分析，以确定制造缺陷的根本原因。收集的信息包括失效位置（质量测试、可靠性测试或现场测试）、失效现场以及失效模式和机制。对于每个不同的产品类别，可以创建失效原因排列图并进行不断更新。

这个关键实践的最终输出应该是一个失效的总结报告，其中按照相互类似的功能失效组排列，包含基于特定元件返回时间的元件失效的实际时间，以及所实施纠正措施的总结和有效性。从失效分析报告中获得的所有经验教训都可以保存在纠正措施数据库中以供将来参考。这样的数据库可以帮助系统设计方节省大量的资金用于与未来问题相关的失效隔离和返工。

失效、失效症状和失效原因的分类体系对于记录失效及其根本原因有重要的帮助，并有助于确定合适的预防方法。通过这样的分类系统，工程师可以更有效地识别和共享系统设计、制造、装配、存储、运输和运行中易受攻击的区域的信息。广泛的失效分类包括系统损坏或失效,运行性能损失,经济性能下降以及安全性降低。根据失效模式和机制可以将归类为系统损坏的失效进行进一步分类。不同类别的失效可能需要不同的根源分析方法和工具。

失效分析的目标是找出失效的根本原因。根本原因是最基本的因素,如果能够及时纠正或删除,则可以防止失效的再次发生。失效分析技术包括无损技术和破坏性技术。无损技术包括光学显微镜、X 射线和声学显微镜下的视觉观察。破坏性技术包括样品的交叉切片和解封。失效分析用于识别发生失效的位置和发生的基本机制。如果系统地进行失效分析,将从对失效的测试样品进行无损检测开始,然后进行更高级的破坏性检查,从而最终完成整个检查过程。参见 Azarian 等(2006)。

产品可靠性可以通过使用闭环过程来保证,该过程在产品生命周期的每个阶段(包括产品出货和配送后)为设计和制造提供反馈。从维护、检查、测试和使用监控中获得的数据可以用来进行及时维护以维持产品并防止其出现失效。

失效分析中的重要工具被称为 FRACAS 或失效报告、分析和纠正措施系统。据可靠性分析中心介绍:

定义一个失效报告,分析和纠正措施系统(FRACAS),作为识别和跟踪根本失效原因的一个闭环过程,并随后确定、执行和验证一个有效的纠正措施,以消除其再次发生。FRACAS 积累失效,分析和纠正措施信息,以评估在消除硬件、软件和过程相关的失效模式和机制方面取得的进展。它应该包含必要的信息和数据,以确定应该消除的设计或工艺缺陷。

FRACAS 应该被应用于整个开发测试和运行测试以及部署过程的每个阶段,这一点非常重要。

5.4 预测可靠性的两种方法

可靠性预测是产品设计的重要组成部分。其应该在下列材料中应用:①合同协议;②可行性评估;③替代设计的比较;④潜在可靠性问题的识别;⑤维护和物流支持规划;⑥成本分析。错误的可靠性预测可能会导致在开发过程中以及系统部署之后出现严重的问题。一个过于乐观的预测,例如估计失效太少,可能会导致选择错误的设计方案,预算不够,昂贵的返工成本,以及糟糕的现场表现。过于悲观的预测则会导致不必要的附加设计和测试费用,用以解决可感知的低的可靠性问题。本节讨论了用于开发可靠性预测的两个显式模型和相似性分析。

1. 两个显式模型

故障树和可靠性框图是从元件可靠性开发系统可靠性评估的两种方法;参见专栏 5 – 1①。虽然它们可能是耗时且复杂的(取决于应用的细节水平),但它们同时可以适应与不同的模型依赖情况。非恒定失效率可以通过评估不同时间的失效概率来处理,其方法是每次使用每个组件的失效概率而不是使用元件平均失效间隔时间。因此,元件可以建模为具有递减、恒定或递增的失效率。这些方法也可以适应分时段的任务。不幸的是,使系统失效的方法可能有很多种,这就使得得到明确的模型(识别所有失效可能性的模型)可能是很棘手的。使用完全枚举方法求解这些模型在许多标准的可靠性教科书中都进行了讨论(例如参见 Meeker 和 Escobar(1998);也可参见 IEEE 标准协会的选择和使用可靠性预测指南[IEEE1413.1])。

专栏 5 – 1

两种常用的可靠性设计技术

可靠性框图。可靠性框图通过使用一系列"块"来模拟复杂系统的功能,其中每个块表示系统元件或子系统的工作。可靠性框图允许从元件可靠性到系统可靠性进行聚合。可靠性框图可以通过考虑由于各种设计而产生的可靠性提高和相关成本来优化系统元件的可靠性分配情况。对于非常复杂的系统来说,在相对较高的级别启动这些框图是十分重要的,可以根据需要为子系统和元件提供更多的细节。

故障树分析。故障树分析是定义和分析系统失效的系统方法,作为元件和子系统之间各种组合的失效函数。故障树图的基本元素是对应于元件和子元件的不正确功能的事件,以及表示和/或条件的门。与可靠性框图的情况一样,故障树最初建立在相对粗糙的水平上,然后根据需要进行扩展以提供更多的细节。该结构以元件和子元件的可靠性分配结束。在设计阶段,这些可靠性可能来自相关系统类似元件的可靠性、供应商数据或专家的判断。一旦产生了这些详细的可靠性信息,故障树图就提供了一种方法来评估更高层次的聚合失效概率,从而可以用来评估整个系统的失效概率。如果系统可靠性不足,故障树可以阐明设计对给定元件的依赖性,从而优先考虑增加冗余或者对各种元件进行其他设计修改的需要。故障树也可以帮助进行根源分析。

---

① 对于已被证明可用于国防部采集的其他可靠性设计工具,请参阅 TechAmerica 的可靠性计划手册 TA – HB – 0009 的第 2.1.4 节:http://www.techstreet.com/products/1855520 [2014 年 8 月]。

2. 相似性分析

上面讨论的两种方法都是"自下而上"的预测。它们使用元件级别的失效数据来分配失效率或失效概率。一旦理解了元件和外部事件,就可以开发一个新的系统模型。另一种常用的方法是使用"自上而下"的方法:相似性分析。这样的分析比较了两种不同的设计:已经证明了高可靠性的老式产品和没有证明可靠性的新式设计。如果两种产品非常相似,那么新设计则可以被认为具有与前一种设计类似的可靠性。可靠性和失效数据的来源包括供应商数据、各个生产阶段的内部制造测试结果以及现场的失效数据。

已经有一些关于相似性分析的研究,描述了该技术的全部过程或特定方面(参见例如 Foucher 等,2002)。据报道,相似性分析在商用航空电子设备中具有较高的准确性(Boydston 和 Lewis,2009)。因为这是一个相对较新的预测技术,所以截至目前并没有普遍接受的程序。

这种方法的主要思想是所有分析师都同意从测试和现场数据中尽可能多地获取相关信息。由于"新"产品在现场生产使用,这些数据可以被用来更新同一产品对于未来生产的预测情况(Pecht,2009)。但是,也出现了新旧产品之间的变化,并且可能涉及以下内容:

(1) 产品功能和复杂性;
(2) 技术升级;
(3) 工程设计过程;
(4) 设计工具和规则;
(5) 工程队;
(6) 降低评级的概念;
(7) 装配供应商;
(8) 制造过程;
(9) 制造工具;
(10) 装配人员;
(11) 测试设备和过程;
(12) 管理政策;
(13) 质量和培训计划;
(14) 应用和使用环境。

在这个过程中,产品设计、设计过程、制造过程、企业管理理念、质量过程和环境的各个方面都可以作为比较差异的基础。随着差异程度的增加,可靠性的差异也会增加。执行相似性分析的细节可以在 IEEE 标准协会选择和使用可靠性预测指南(IEEE 1413.1)中找到。

5.5 冗余、风险评估与预测冗余

当系统的一个或多个元件可能发生失效并且系统仍然能够与其他运行的元件一同正常工作时,则视为存在冗余。两种常见的冗余类型是主动和备用。

在主动冗余中,系统的所有元件在系统运行期间都开启。在主动冗余中,各个元件将以相同的速度消耗使用寿命。主动冗余系统是一个标准的"并行"系统,只有在所有元件都发生失效时才会失效。

在备用冗余模式下,系统运行时某些元件不通电;只有在激活元件发生失效时才能接通并开始运行。在具有备用冗余的系统中,理想情况下,这些部分将比具有主动冗余的系统中的部分更长的生命周期时间。备用系统由激活元件或子系统和一个或多个非激活元件组成,当功能单元发生失效时,主动单元或子系统将被激活。当激活元件的失效通过传感子系统发出信号,备用单元由开关子系统开启。

有 3 种概念类型的备用冗余:冷、温、热。在冷备用状态下,辅助元件直到需要前完全关闭。这种冗余会降低零件工作的小时数,并且不会消耗任何有用的寿命,但是在切换过程中,零件上的瞬态应力可能很高。这种瞬态的应力会导致开关过程中更快的寿命消耗。在温备用状态下,辅助元件通常处于活动状态,但是处于空转或未启动状态。在热备用状态下,辅助元件形成主动并行系统。热备用元件的寿命以与有效元件相同的速率消耗。冗余通常可以在系统架构的各个层面上解决。

1. 风险评估

"风险"被定义为评估发生不利事件的优先程度。风险评估(定量和定性)的一般方法已经制定并被广泛提供。评估与接受用于特定应用的零件相关的风险过程涉及以下几个步骤:

(1) 从风险池开始,如何给出所有已知风险的清单,以及如何量化这些风险(如果适用)并提供可能减轻风险的知识。

(2) 确定特定于应用程序的风险目录:使用特定应用程序的属性,从风险池中选择风险,以形成特定于应用程序的风险目录。最有可能用于创建风险目录的应用程序属性包括功能、生命周期环境(例如制造、运输和处理、存储、运行和可能的生命周期结束),制造特性(例如进度、数量、位置和供应商),维持计划和要求,以及使用寿命要求。

(3) 表征风险目录:针对风险目录中的每个风险,生成关于其发生的可能性、发生的后果和可接受的缓解方法的应用程序特定细节。

(4) 风险分类:将风险目录中的每个风险分为功能性风险和可生产性风险。功能性风险会损害系统按照客户要求的操作能力。它们发生的后果是设备损失,无法完成其使命或发生宕机。可生产性风险发生的后果是财务风险(降低盈利能力)。可生产性风险决定了成功生产产品的可能性,而这指的是满足经济、进度、制造产量和数量目标的某种组合。

(5) 确定风险缓解因素:可能存在的因素会修改特定元件、产品或系统的风险缓解方法。这些因素包括所考虑的元件的类型或技术,可用于元件的制造商数据的数量和类型,元件制造商使用的质量和可靠性监视器以及在组装级别进行生产检查的全面性等。

(6) 排名和下向选择:并非所有功能风险都需要缓解。如果发生的可能性或后果的损伤程度较低,则可能不需要解决风险。可以使用将可能性和排列顺序耦合到单个无量纲数量的评分算法来进行排序,以允许比较各种风险。一旦确定了风险排名,那些排名低于某个阈值的风险可以被忽略。

(7) 确定验证方法:对于高于上一个活动确定阈值的风险,考虑风险目录中定义的缓解方法。多种缓解方法的可接受组合可以形成新的验证方法。

(8) 确定未管理风险的影响:将风险发生的可能性与发生的后果相结合,以预测当产品开发团队选择不主动管理风险时会产生的资源。(这假设所有未管理风险都是生产者风险。)

(9) 确定管理风险所需的资源:制定一个管理计划,并估算执行规定方案所需的资源,以监督元件的现场表现,供应商和装配/可制造性(如适用)。

(10) 确定风险影响:通过评估开发和执行整个产品生命周期(生产和维持)中分配的最差情况所需的资源,评估功能性风险的影响。在验证测试过程中可能会将废弃产品的价值包含在影响中。对于可管理的可生产性风险,所需的资源将用于估计风险的影响。对于不可管理的可生产性风险,影响分析中预测的资源将转化为成本。

(11) 确定风险是否可以接受:如果影响符合整个产品的风险阈值和预算,则可以选择验证活动(如果有)进行元件选择。其他情况下,则必须考虑设计更改或替代部分。

2. 预测

产品的健康状况就是退化或偏离"正常"运行状态的程度。健康监测是在生命周期环境中测量和记录产品健康的方法。预测是根据当前和历史健康状况以及历史操作和环境条件预测系统的未来健康状态。

预测和健康管理由技术和方法组成，以评估系统在其实际生命周期条件下的可靠性，以确定失效的可能性并降低系统风险：进一步的细节参见 Jaai 和 Pecht（2010）和 Cheng 等（2010a，2010b）。这个方法的应用领域包括民用和机械结构、机床、车辆、空间应用、电子、计算机，甚至人类健康。

预测和健康管理技术结合了环境、操作和性能相关参数的传感、记录和解释，以指示系统的健康状况。感测、特征提取、诊断和预测是关键要素。用于监视系统健康状况的数据将用来确定被监测系统中的传感器类型和位置，同时确定收集和存储测量的方法。特征提取用于分析测量结果并提取表征系统退化趋势的健康指标。当得到的数据具有良好的特征，则可以确定系统是否偏离其预期：例如，参见 Kumar 等（2012）和 Sotiris 等（2010）。诊断用于隔离和识别系统中的失效子系统/元件；预测则用于对系统、子系统或元件的剩余使用寿命进行估算：诊断和预测的实例请参见 Vasan 等（2012）和 Sun 等（2012）。

预测和健康管理过程并不能预测可靠性，而是基于对某些环境或性能参数的原位监测提供可靠性评估。这个过程结合了物理失效学方法的优势和环境的实时监测以及运行的负载条件。

第6章 可靠性提升测试

通常有两种方法可以形成一个可靠的系统：一种是可靠性设计方法；另一种是通过测试改进初始设计从而提升系统可靠性的方法。第5章已讨论了设计可靠系统的方法，本章将重点介绍通过测试提升系统可靠性的方法。由于难以进行足够长时间的测试以遍历所有的失效，因此通常都会采用加速测试了解可靠性问题可能出现的位置并评估系统的可靠性。鉴于此，本章的大部分内容都会涉及加速测试和与其相关的概念。

可靠性测试用于识别失效模式并评估系统与所要求的可靠性的接近程度。可靠性评估对于理解运行使用的系统的能力和限制也十分重要。可靠性测试（和评估）可以分为两个独立的问题。首先，是测试所产生系统的可靠性（例如在系统验收时）。有人可能把这个问题称为开箱即用的可靠性。其次，在使用一段时间之后，对系统的可靠性再次进行测试，即预测系统长期的可靠性性能。

6.1 基本概念与相关问题

读者应牢记可靠性始终是使用环境和系统本质的一个函数，这一点很重要。因此，可靠性评估需要使用环境和使用情况的（例如速度、有效载荷等）历史函数。而且，当用于预测时，可靠性评估依赖于与收集的测试数据相结合使用的评估模型的有效性。首选的测试和评估程序的类型取决于系统不同的开发阶段和测试的不同目的。

研究小组注意到本章提到的系统都是通用的，包括完整的系统、子系统和元件。一些测试技术仅适用于硬件系统(如加速寿命测试),还有一些技术适用于硬件和软件系统,如演示测试。但正如第3章所讨论的那样,研究小组依然要再次提醒读者,不同的可靠性指标标准适用于不同类型的系统。

来自可靠性测试的数据能够通过使用适当的可靠性指标估计当前系统的可靠性水平。可以使用这些评估的可靠性水平跟踪系统改进时其接近所要求的可靠性水平的程度。随着时间的推移跟踪可靠性的提升对于根据当前的总体设计方案是否可能实现其可靠性需求的系统是至关重要的。通过识别在开发早期不太可能达到其可靠性需求的系统,可以将重点放在寻找替代的系统设计上,其中可能包括使用具有更高可靠性的元件或材料,或分配额外的可靠性测试资源,以确定可靠性失效的其他潜在来源。

因为在后期开发阶段或系统被部署后再进行重大的设计变更是非常低效的,所以应该在设计和开发的早期阶段就尽早确定设计中可能存在的问题。或更一般地说,系统在早期满足其可靠性需求的可能性是非常重要的。因此,在设计保持不变的情况下,仔细对系统、子系统和元件进行可靠性测试,对于在部署之前以具有成本效益的方式达到所需的可靠性水平至关重要。在开发过程中,可以使用测试、分析、维修和测试程序[①]来识别和消除复杂系统中间原型所固有的设计缺陷。这种方法通常被称为"可靠性提升"。具体而言,可靠性提升是由于失效模式的发现、分析和有效纠正而导致的发展计划的真实但未知的初始可靠性的改善。

除了在开发过程中进行测试之外,还可以利用现场使用或现场测试后的反馈来改进系统设计,从而提升系统的长期可靠性。然而,正如前面章节所讨论的那样,与在设计和开发阶段早期发现可靠性问题相比,后期重新进行开发设计的成本效率非常低。然而,指出纠正措施可以延伸到初始运行测试和评估之外。在初始运行测试和评估之后,可以进行一个或多个重点的后续测试和评估,允许先前观察到的缺陷和新实施的重新设计或维修被反复地检查。

6.2 可靠性测试的增长与评估

工业上通常使用几种可靠性测试方法。其中一些可用于识别未发现的失效模式,而另一些在评估当前的可靠性水平时也非常有用。在本节中,研究小组将

---

① 请注意这种方法与测试、分析和维修方法之间的区别。在第4章中讨论到:这种方法增加了第二个测试,可以用来评估维修程序的成功。

重点讨论其中的 3 个：高度加速寿命测试；可靠性验证或验收测试；加速寿命测试和加速退化测试。

1. 高度加速寿命测试

高度加速寿命测试（HALT）是发现失效模式和设计缺陷的一种上游方法。HALT 使用极端的压力条件来确定系统的运行极限，当超过这个极限之后，除了在典型运行条件下会发生的失效机制以外，将出现其他各种协同的失效机制。HALT 主要用于系统的设计阶段。

在典型的 HALT 中，系统（或元件）受到温度和振动水平（独立和组合）增加以及与预期使用环境相关的快速热转变（循环）和其他应力的影响。例如，在电子产品中，可以使用 HALT 来定位电子板失效的原因。这些测试还可能包括在极端湿度或其他湿度条件下，但是因为湿度对系统可靠性的影响需要很长时间来评估，所以 HALT 通常仅在温度和振动两个主要应力作用下进行。HALT 的结果使设计人员能够对系统中使用的元件做出早期决策。

HALT 的结果不适用于可靠性评估，因为其测试周期短并且其需要使用极端的应力水平。事实上，HALT 甚至不能完全被认为是加速寿命测试的一种形式（见下文），因为它的重点在于测试产品以诱发在正常操作条件下[①]不太可能发生的失效。HALT 的一个目标是确定潜在失效的根本原因（Hobbs，2000）。在 HALT 中使用的应力范围和方法（例如循环、不变、逐步增加）取决于被测试的元件，其控制不同失效模式下被测部件将要受到的应力。由于这些知识只能由开发者掌握，所以在交付给 DoD 之前进行这种测试是很必要的。鉴于 DoD 可以利用这些信息帮助自己完善开发测试，因此这些测试的记录，包括应用的应力，发现的失效，以及作为回应采取的任何设计修改，都可以提供给 DoD 用以指导其测试的进行。

2. 可靠性验证或验收测试

当一个系统达到其开发的里程碑后，为了确定一个元件或子系统的可靠性提升是否满足预定要求，承包商可以对其进行可靠性验证测试。其基本思想是，在正常的操作条件下，对多个单元进行特定的时间测试，并将其结果数据用于评估观察到的可靠性是否反映了目标值。考虑到需要一定数量的被测试单元提供这些信息，这种测试通常是在元件或子系统层面上完成的，而不是在整个系统

---

① 在加速寿命测试中，通过模拟加速使用和正常使用之间的联系从而提供更准确的可靠性评估。

层面。

生产可靠性验收测试的目标与可靠性验证测试的目标类似，但是当承包商想要交付一批实际使用或库存的产品时，承包商和国防部必须设计一个测试计划，确保接受一批有缺陷的产品和拒绝无缺陷的产品的可能性都很小。

3. 加速寿命测试和加速退化测试

在许多情况下，加速寿命测试（ALT）可能是用来评估一个元件或子系统是否可以满足其使用寿命期间的可靠性需求唯一可行的方法，而不是只满足初次使用之前的可靠性要求。ALT可以采用3种不同的方法进行，一种应用于测试整个系统，另外两种与子系统和元件测试更相关。第一种方法是在正常运行时加速系统的"使用"条件，例如在系统仅使用一天中一小部分时间的情况下可以增加其使用时间。例如家用电器和汽车轮胎，这些轮胎在测试中将被使用24h，而不是通常使用的更短的时间。

第二种方法通常是在元件或子系统的样本受到比正常操作条件更严重的应力作用下，相对较早地在系统开发中对元件和子系统进行测试。第三种方法则被称为加速退化测试：它被用来检查系统的退化迹象，而不是完全的失效模式。这种测试是针对元件或子系统进行的，这些元件或子系统表现出某种类型的退化，例如弹簧刚度、金属腐蚀以及加速应力对机械元件的磨损。加速寿命测试和加速退化测试在主要失效模式是由单一类型应力作用所引起的情况下是最有效的。因此，这些技术通常应用于元件级别的测试，而不是全系统级别。

从ALT中可以获得可靠性数据可用来评估预测元件、子系统或系统在正常工作条件下的可靠性模型参数。这个模型或者是基于统计形式的，或者是基于物理形式的，它被用来将正常使用下的失效时间分布与极端使用下的失效时间分布关联起来。这些模型评估的有效性应该会影响所得到的估计值的置信度，反之也会影响系统重新设计和确定预防性维护时间表的制定情况。例如，如果基于ALT结果的可靠性预测显示系统表现出恒定的失效率，那么对这些系统进行预防性维护是不合理的，因为其可靠性并不低于新系统的可靠性。相反，如果这些单元的失效率增加（例如磨损），那么工厂维护或基于状态的维护策略将是需要迫切实施的（Elsayed，2012）。

来自ALT的可靠性评估不仅取决于其模型设计，还取决于测试计划的实验设计。应力加载，如不变应力、匝道应力或循环应力；测试单元分配到的应力水平；应力水平的数量；适当的测试时间以及其他实验变量可以提高可靠性评估的准确性。

在模型中将极端和正常的应力联系起来,对许多 ALT 模型来说可能是无效的。因此,为了更好地评估系统的长期可靠性,国防部需要和承包商密切合作,根据被认为合理的主体假设,确保加速寿命测试的良好设计和确定可接受的可靠性预测模型。

来自 ALT 的大部分可靠性数据例如从失效到测量的时间都是从不同应力和条件的单元测试样本中获得的。但是,特别是对于接近正常操作条件的应力水平的测试,元件可能会不断恶化,而不是马上陷入失效模式。例如,元件可以用可接受的阻力值开始测试,但随着测试时间的进展,阻力可能会不断偏移,从而最终达到导致元件失效的不可接受的水平。

在这种情况下,应该在测试过程中经常对感兴趣的特性(最终会导致元件失效的特性)进行退化水平的测量。然后分析退化数据并用于预测在正常条件下的失效时间。研究小组将这一过程称为加速退化测试,该测试需要基于可靠性预测模型,将加速条件下测试的退化结果与正常运行条件下的失效模式相关联。正确识别退化指标对于退化数据的分析以及随后制定的维护计划和替代决策至关重要。其中一个例子是硬度,它是弹性体退化的量度。其他指标还包括弹簧的刚度损失,梁和管道的腐蚀速率以及旋转机械的裂纹扩展。在某些情况下,人们可能不会直接观察到降解指标,而对被测单位的破坏可能是唯一可用来评估其退化情况的方法。这种类型的测试被称为加速破坏性退化测试。

在某些应用中适合使用加速退化测试而不是加速寿命测试。退化测试通常为相同数量的测试单元提供更多的信息,同时包括与潜在失效机制更直接相关的信息,这些信息通常为确定可用于外推的模型提供了更坚实的基础。这个模型的缺点是需要验证连接当前退化程度的模型以及系统剩余寿命的分配。这可以通过使用退化数据有效地预测单元的退化程度跨越指定阈值水平的时间来完成。因此,如果可行的话,定义较为完整的退化模型,加速退化测试将是预测不同使用量后系统可靠性的有效评估方法。然而,需要注意的是,一些系统在突然失效之前在使用期间不会出现退化。

ALT 的设计在过去几十年中经历了许多进步;Elsayed(2012)提供了许多有关他近期想法的描述。它们包括测量以下应力类型的设计:机械应力,通常由于疲劳(由于温度升高,冲击和振动以及磨损)而导致;电应力(例如功率循环,电场,电流密度和电迁移);环境应力(例如,湿度、腐蚀、紫外线、二氧化硫、盐和细颗粒,α 射线和高水平的电离)。存在不同的方法可以对系统施加应力,包括恒定水平、阶跃应力(从低到高或从高到低)、循环加载、通电关机、斜坡测试以及各种以上方法的组合。Elsayed(2012,第 7 页)指出:"由于预算紧张和时间的紧迫,当前阶段越来越需要确定最佳的应力负荷,以缩短测试时间,降低总成本,同时实现准确的可靠性预测"。Elsayed(2012,第7页)中回顾了现有的许多文献中都引用了 ALT 设计,他同时指出哪种类型的设计对于不同类型的元件和子系统是更优的。

  鉴于有效的可靠性提升测试和可靠性评估对于系统的重要帮助,研究小组建议 DoD 采取若干措施确保承包商使用能够衡量的指标进行测试;在可靠性工程师应用之前,将测试计划的设计方案和可靠性模型的验证从正常使用到极端使用分别进行分析,并指出可能的退化与失效情况,而且应要求合同商向 DoD 提供与可靠性评估有关的所有测试数据(参见第 10 章中的建议 12)[①]。此外研究小组还建议创建一个数据库,其中不仅包括承包商测试的结果,还包括 DoD 开发测试和现场使用的运行测试的结果。这样的数据库将支持加速寿命测试和加速退化测试的模型验证。此外,对于退化测试,还应该收集退化程度的测量数据作为该数据库的一部分。这些数据库中还可以包括已部署系统的可靠性性能评估,以提供可靠性能够达到更好的"真实"值。最后,还需要保存足够多的对于现场环境的详细描述,包括技术类型和指定的设计温度限制等。

---

① 第 10 章中介绍了所有的小组建议。

第7章　开发测试与评价

本章描述了开发测试在评估系统可靠性中的应用。系统的设计要求规定了其预期需要执行的功能以及预期要执行的操作情况。测试的目标是显示系统是否能够在指定的运行条件下满意地运行,特别是在理论或以往的经验都不能预测系统在特定环境下是否能正常运行时。因此,开发测试设计的目标是整体评估一个系统是否可以正常运行。研究小组讨论的重点是关注部署后系统是否可靠。

像所有形式的测试一样,开发测试对于全面的系统和可靠性工程来说并不是一个成本有效的替代品,因为系统都是要从概念阶段不断发展到现实可用阶段的。然而,开发测试应该被视为一个必不可少的补充。该测试可以提供坚实的数据基础表明系统是否按设计工作,或者是否存在系统设计人员没有预料到的可靠性问题。

对于旨在用于多维环境的复杂系统,设计一个高效、可用和经济实惠的测试程序是较为困难的。它需要综合系统工程、特定系统主题知识和统计专业知识。对于 DoD 来说,其有各种各样的防务系统,而没有"一刀切"的菜单或清单来保证满意的开发程序测试。有关测试人员的知识、经验和态度将与所使用的特定方法一样重要。这些方法必须针对特定的情况进行调整;因此,这就要求相关人员必须掌握可靠性工程和统计方面的必要知识,以使得测试方法可以适应具体的系统。

本章前两部分简要介绍开发测试中承包商的作用以及承包商和 DoD 开发测试的基本要素。随后,研究小组将更详细地描述开发测试的 3 个方面:设计实验以最好的识别可靠性缺陷和失效模式以及完成可靠性评估;可靠性测试结果的数据分析;可靠性提升监测以确定其目标是确定系统何时可以进行运行测试。

7.1 承包商测试

研究小组建议(参见第 10 章中的建议 12),承包商应向 DoD 提供有关所有测试的详细信息以及这些测试的结果数据。如果采用这个建议,那么早期的开发测试就成为了转换器测试的延续,其主要侧重于识别缺陷和失效模式,包括设计问题和材料缺陷。但是,随着开发测试时间的临近,承包商可能会在与更多操作相关的环境中进行一些全系统测试:这种测试与 DoD 在开发测试结束时进行的全系统测试类似。利用更多的与操作相关的全系统测试具有减少意外事件发生和确保系统顺利升级到运行测试的重要益处。考虑到测试结构的潜在相似性,承包商测试也将增加系统潜在的可靠性并同时为后来的开发(和运行)国防部测试提供帮助。

虽然早期的开发测试强调识别失效模式和其他设计缺陷,但后来的开发测试则更加重视评估系统是否以及何时准备进行运行测试。

7.2 开发测试的基本要素

在有效的开发测试的设计和评估中有几个重要要素:实验的统计设计、加速测试、可靠性测试、各级聚合测试和数据分析。

(1) 实验的统计设计包括仔细选择一组测试事件来有效评估设计和操作变量对元件、子系统和系统可靠性的影响。

(2) 加速测试包括加速寿命测试和加速退化测试,以及用于暴露设计缺陷的高度加速寿命测试(见第 6 章)。

(3) 通常在子系统级进行的可靠性测试包括测试一次性设备失效频率的测试,不可维修设备连续运行的平均失效时间,可维修系统的平均失效间隔时间以及所有系统的可靠性性能。

(4) 不同级别的聚合测试将会涉及元件、子系统和系统级别的测试。一般来说,承包商可以进行更低层次的测试,但是承包商和国防部至少要进行一些全系统测试。

(5) 开发测试数据的分析有两个目标:①跟踪当前的可靠性性能水平;②预测可靠性,包括何时满足可靠性需求。如果承包商测试和开发测试所处的环境和情景足够相似,则可以参考 NRC(2004 年)所述的信息模型。然而,在不同的环境或应力条件下合并数据是非常复杂的,如果这样做则需要明确说明模型中不同测试条件的差异①。

为了充分利用开发测试,承包商和政府测试人员之间的协调是非常重要的。有效的协调具有一个共同的特点,即测试对于承包商、国防部和纳税人在实现可靠性提升方面应该是互惠互利的。从对抗角度进行测试并不能很好地服务于任何一方或最终的系统用户。

如果研究小组建议将承包商测试数据与国防部专业人员共享,那么这些数据可以为后续的协作打下一个良好的基础,因为进一步的开发测试是为了提升系统的可靠性,此外如果需要的话,将由国防部进行运行测试。协同测试在技术层面上也会起到相应的帮助,例如 DoD 开发测试设计将会反映开发者和用户的主题知识。这种合作包括进行测试,提供相关信息等。这些信息被认为是设计和操作变量,研究这些变量的相关层次;定义可靠性指标的一致性;更广泛地说,定义是一个成功的测试中不可或缺的。

合作的一个例子源于可靠性性能的检查需要在整个系统的潜在操作条件范围内进行。如果在承包商测试过程中,实际运行环境空间的一个重要子集尚未被发现,例如在寒冷、多风的环境中进行测试,那么在开发测试中优先考虑将测试包含在这些环境中是非常重要的。(参见第 10 章建议 11)。

7.3 设计实验

可靠性开发测试的核心是实验。其目的是为了评估不同操作条件对系统可靠性的影响。为了提高效率和信息量,使用统计实验设计的原则获取每个测试事件的最大化信息是至关重要的。DOT&E(2010 年 10 月,第 2 页)最近的一项举措是在一份题为"作战测试与评价局中使用实验设计指南(DOE)的备忘录"中进行了总结,提出了一些非常适用于开发测试的指导。

(1)实验目标的明确说明,即测试如何有助于在真实环境操作中评估端到端任务的有效性,或测试如何发现各种系统缺陷。

(2)在测试期间收集(这里是可靠性指标)面向任务的响应变量(有效性和

---

① 也即在开发将加速测试结果与真实情况相结合的模型时需要进行的工作。其中的想法更为通用:它包括在开发测试/运行测试(DT/OT)的可靠性差距,如在 Steffey 等(2000),并提供未经测试环境的估计,注意到这些环境是在进行测试的环境之间插值得到的。

适应性)。

(3) (可能)影响到这些响应变量的因素。测试计划应该涵盖这些因素的适用范围。此外,测试计划应选择关注最感兴趣因素组合的测试事件,测试计划应选择与测试目标相一致的因素级别。

(4) 应该制定适当的测试矩阵(测试套件)评估实验中受控因素对响应变量的影响①。

(5) 测定实验单位和阻断的确定。

(6) 应规定控制实验设备、仪器设备、处理任务等的程序,以供审查。

(7) 应该充分考虑测试场景的情景复制,以便能够检测并估计出影响可靠性的重要参数。

研究小组强烈支持这一指导文件。他们提出的另一个主要问题是在非加速开发测试中使用操作现实性的程度。使用与操作相关的环境和任务长度对于识别缺陷和评估都很重要。众所周知,系统可靠性经常被定义为一种在开发测试中比在运行测试中高得多的量(参见第8章),这个量被称为DT/OT差距。显然,在相关的运行测试中,一些失效模式更频繁地出现。因此,为了减少运行测试期间可能发生的失效模式的数量,同时在运行相关的环境中对系统可靠性有更好的估计,非加速开发测试应尽可能地将主要元件、子系统,以及在典型的使用环境和条件下在整个系统中施加与现场相同的应力。这种方法将缩小可靠性评估中潜在的DT/OT差距,并提供更具操作性的系统可靠性评估。

7.4 测试数据分析

可靠性测试的主要目标是尽可能多地了解哪些使用条件帮助系统提升了可靠性以及提升可靠性的程度。这个目标随后可以支持根本原因分析,以确定是哪些条件导致可靠性降低。因此,大多数开发测试数据分析的目标是测量系统的可靠性,使其作为测试环境和任务失效的函数。要做到这一点,有必要区分系统可靠性和自然系统(之内和之间)实际变动的增加和减少②。

鉴于可靠性测试的重复次数有限,因此研究小组只有很有限的能力来识别

---

① 专家组注意到,考虑到影响最大的可靠性指标因素,在这种情况下有价值的具体设计包括:使可以同时检查的因素数量最大化的分数因子设计和Plackett - Burman设计,其可以根据其重要性筛选因子;详情请参阅Box等(2005年)。

② 专家组将系统内的变化定义为给定系统在特定环境下复制中产生的性能变化,而将系统间变化定义为在同一设计和制造过程中产生的不同原型在特定环境之间的性能变化。

使用场景之间的可靠性差异,以及确定什么时候系统能够满足要求以及确定哪些系统可以被批准用于运行测试的优先级,这也就不奇怪为什么使用场景之间的性能差异有时会被忽略了。要评估的可靠性需求通常是在相关运行环境中所取得的平均可靠性:该要求通常取自运行模式摘要/任务概况这一文档(OMS/MP)。平均值与可靠性需求相似,同样被定义为相同类型的平均值。虽然对这个平均值的兴趣是可以理解的,但是只要测试预算是可行的,那么对于环境和任务的评估也将至关重要。

另一种重要的分类是区分两种处理可靠性测试中失效数据的不同方法。研究小组将任何失效视为系统失效,并根据发生失效的总次数进行评估。但是,产生某种类型失效的过程可能与产生其他失效的过程有很大不同,而且分别分析不同类型的失效模式可能需要提供更多的信息(统计和操作)。例如,如果出于分析目的将失效模式分为硬件失效和软件失效,则可靠性提升模型可以进行更好的估计,最终可以将这种估计汇总在失效模式上以评估系统的性能。

系统本身在可靠性性能方面可以被分为3种基本类型(见第3章),而要执行的首选分析方法取决于哪种类型的系统正在测试。基本类型有单次系统、不可维修的连续操作系统和可维修的连续操作系统。

1. 单次系统

对于单次系统,开发测试数据分析的主要目标是估计平均失效概率。然而,向决策者传达估计平均失效概率的精确性也是很重要的,这可以通过使用置信区间来完成。如上所述,在可能的范围内,考虑到重复的次数,提供估计概率和置信区间也是有用的,而概率和置信区间可以由定义任务类型和测试环境的变量进行分解。

这样做的目的不是为了得到混淆而非均匀的结果。例如,如果测试结果表明在高温条件下失效概率高,但在环境温度下失效概率低(基于足够的数据来检测潜在失效概率中的重要差异),那么应该报告这两种不同的概率以及其实验条件的类型,而不是汇总在一起的综合估计。(当然,鉴于这个要求很可能是这样一个汇总的估计,但是详细的估计也必须同时提供。)

仅在多个任务配置文件或环境(例如高温和低温测试结果)中报告集中失效数据的做法并不能很好地为决策者服务。发现和理解作为任务变量或测试环境的函数之间的失效概率的差异对于纠正缺陷是重要的。如果这种缺陷不能得到纠正,那么就有必要重新界定可以使用该系统的任务类型。

2. 不可维修的连续操作系统

对于不可维修的连续操作系统,开发测试数据分析的目标是尽可能根据任务设计因素估计系统的寿命分布。这样的估计将根据寿命测试数据进行计算。在规划这样一个测试时,至少需要运行多组测试来覆盖可能的任务时间,并用足够的测试单元来提供足够的精度(可以通过置信区间的宽度来量化)。

为了理解对设计因素的依赖性,可以使用设计因子作为预测因子来开发寿命分布的统计模型,并使用测试数据来估计这种模型的参数。这样的模型可能需要考虑系统可靠性由于存储、运输和类似因素而降低估计的精确性。然后对于系统将被用于的各种类型的任务,可以使用拟合模型来估计系统在一段时间内工作的概率大于或等于任务要求。对于这些测试,重要的是要提供关于估计的不确定性信息,通常使用置信区间来表示。在某些情况下,可能需要重采样技术来产生这样的置信区间。

DoD 通常使用平均失效时间作为总结性指标来定义连续或间歇性运行系统的系统可靠性需求。尽管平均失效时间对于诸如电池等在耗尽后将被替换的元件是比较合适的指标,但是对于诸如集成电路芯片之类的高可靠性元件是不合适的,其失效概率相对于整个系统的生命周期比较小。在后一种情况下,采用分布较低的尾部失效概率或分位数会得到更好的结果。此外,在特定的任务期限内,衡量失效时间的分布可以估计任务成功的概率,需要注意的是并不一定需要假设失效时间服从指数分布。

3. 可维修的连续操作系统

对于可维修系统,平均失效间隔时间是一个合理的指标,而失效时间可以假设为泊松过程。然而,如果潜在的失效机制是由一个非均匀的泊松过程(如 AMSAA – CROW 模型[①])来控制的,那么失效的发生率非恒定,因此就会导致平均失效间隔时间是一个错误的指标。在这种情况下,应该研究一段时间内的平均累积失效次数。在理想情况下,应该使用非常数失效发生率的参数化公式,并通过参数估计来评估系统的可靠性。为了强调设计变更的效果,可以使用步进强度或分段指数模型从开发测试中收集可靠性提升数据。

---

① 这是 Crow(1974) 开发的一种可靠性提升模型,其首先被美国陆军装备系统的分析活动使用;见第 4 章。

4. 合并数据

由于任何单个原型和任何设计配置的测试时间往往不足以为系统可靠性提供高质量的估计，因此尝试使用测试外部的数据来扩充开发测试数据的方法是值得考虑的。几种可能的数据合并是：①在不同级别的聚合中将测试结果跨系统测试并进行组合；②将来自不同开发测试的信息组合到同一系统或相关系统中；③承包商测试数据。但是这就引发了政府评估独立性问题。

在某些情况下，可以从多个系统级别的测试或其他信息中获得有用的数据：也就是说，人们通常不仅拥有完整的系统可靠性数据，而且还拥有元件和子系统的可靠性数据。在这些情况下，人们可以使用模型，例如可靠性框图所显示的模型，通过合并这些信息来获得更精确的系统可靠性估计。当然，始终存在关于结合来自不同实验条件的信息而产生的担忧。然而，如果这种差异可以通过调整来处理，那么就可以运用基于多级数据集合的方式产生具有相关置信区间的系统可靠性估计，而这些估计将优于仅使用测试数据测试整个系统。该领域的主要工作是在洛斯阿拉莫斯开发的预测方法（参见 Wilson 等，2006；Hamada 等，2008；Reese 等，2011）。这种模式的使用同样需要根据具体情况而定，在某些情况下其可能不会带来好处。

在某些情况下，也可以使用相同系统或类似系统以前版本的相关测试信息，或具有类似元件或子系统的系统上的相关信息。在这种情况下，关于先验分布的假设可以被视为是有效的，因此用于组合信息的贝叶斯方法可以仅基于来自当前系统的测试数据来产生更优的估计。一个例子是基于类似系统中单个失效模式知识的关于韦伯形状参数的信息（参见 Li 和 Meeker，2014）。

在使用贝叶斯技术时，至关重要的是记录先前的分布是如何产生的，验证这些先验分布的使用正确性，以及评估作为先验分布规格的函数的不确定性估计和指标的敏感度。也可以通过非贝叶斯方法来组合数据，如 Maximus 的串联和并联系统方法以及该方法的扩展，尽管在这样的框架中推导的某些方面可能会变得复杂一些（参见 Spencer 和 Easterling，1986）。总地来说，假设组合信息模型对于单次和不可维修系统比可维修系统更有用。

在系统进行测试时将数据合并的一种方法是，系统经历变化以解决发现的缺陷和失效模式，即使用可靠性提升模型（参见第 4 章）。但是，这样的模型不能适应于不同级别系统的测试，也不能使用测试环境或任务的信息。

最后，由于在开发测试中发现的设计缺陷和失效模式常常导致系统设计的变化，因此在开发测试中结合信息会变得更为复杂。因此，人们往往不仅要考虑测试环境的差异,还要考虑被测系统的差异。研究小组建议(第 10 章建议 19),只有在系统性能评估符合要求的情况下,才能向 DoD 交付原型。如果采用这个建议,那么就会把需要发现的缺陷数量限制在一个很小的范围内,这样会使开发测试中的系统发生较少的变化,这将大大促进信息模型的整合。

7.5 可靠性提升监测

现在,监督在满足可靠性需求方面的进展已通过一个指令型备忘录 DTM 11-003(美国国防部,2013b,第 3 页)进行,其中指出:

可靠性提升曲线(RGC)应反映可靠性提升战略,并用来计划、说明和报告可靠性提升。一个 RGC 应包括在 MS A 的系统工程计划(SEP)中,并从 MS B 开始在系统测试和评估的总体规划(TEMP)中更新。RGC 将在一系列中间目标中陈述,并通过完全集成的系统级测试和评估事件进行跟踪,直到可靠性的门槛已经达到相应要求[重点]。如果单一曲线不足以描述整个系统的可靠性,则将为关键子系统提供曲线,并提供选择子系统的依据。

满足这个要求至少需要面对 3 个技术性问题。首先,如何确定中间目标?第 4 章介绍了正规的可靠性提升模型用于各种目的时的价值。正如在该部分所指出的那样,在某些假设下,正规的可靠性提升模型有时可以产生作为时间函数的有用的系统可靠性目标,以帮助区分在计划开始运行测试之前是否得到满足其可靠性需求的系统。在简单化的过程中,应将开发测试的时间安排在一个预期的可靠性提升模型中,以符合运行测试前的要求,并将每次测试的可靠性与该时期的模型预测进行比较。

不幸的是,最常用的可靠性提升模型存在缺陷(如第 4 章所述)。鉴于在防务采办中通常使用的可靠性提升模型未能表示测试环境,这些模型在运行相关条件下往往不能提供有用的估计或系统可靠性预测。为了解决这个问题,在可能的情况下,系统级可靠性测试应该在类似于 OMS/MP 的条件下进行,即在现实的情况下进行。这些模型还假设随着时间的推移可靠性会获得单调提高,但是如果出现了一些主要的设计变化,则可靠性可能不会单调增加,直到这些变化在接口和其他因素方面得到充分考虑。因此,如果这样的测试包括一个或多个新的功能被添加到系统的开发周期,那么单调可靠性提升的假设就无法成立,这可能导致较差的目标值。

由于 DTM 11-003 未指定用于此目的的模型,因此分析人员可以自由地使用考虑特定测试环境的替代模型。研究小组鼓励开发代表系统可靠性的可靠性提升模型，其可以类似于作为测试环境条件的函数，也可以类似物理失效模型（见第 5 章）。

其次，应该怎样产生对系统目前可靠性的估计？由于需要预测未知数量的未来开发测试以评估未来的设计修改，所以大部分开发测试的持续时间可能会相当短并且依赖于相对较少的测试单元。如上所述，为了补充有限的开发测试以产生更高质量的可靠性估计，应假设测试相对相似，并可以将几个测试事件的结果随时间变化，或者按照适合某种参数的时间序列模型来构建可靠性的增长。然而，开发测试在具体发展方式上可能存在较大程度的不同，因此其降低了这种方法的适应性。例如，一些后来的开发测试可能会比早期的测试有着更真实的测试场景，或者使用不同的测试场景。

更根本的是，一些测试可能会使用某种类型的加速，而有些则不会；此外还有一些系统将处于元件或子系统级别，而另一些则处于系统级别。因此，通过这些测试的任何类型的组合信息将是不确定的，并且必须开发类似于 PREDICT（预测）的使用来判断各种开发测试信息的正确性。当然，可以增加开发测试的持续时间和样本大小，以便不需要建模便能产生高质量的估计，但是考虑到当前的测试资源，这种情况不太可能发生。

考虑到将基于模型的目标值与系统可靠性的当前测量值进行比较，需要考虑当前系统可靠性估计的不确定性，以便可以制定具有良好的第一类错误和第二类错误的决策规则的错误率。这种考虑将确保制定这样的决策规则，使得最终满足其可靠性需求的系统很少被标记，并且不能满足其可靠性需求的系统经常被标记。但是基于合并的测试信息开发估计值的置信区间的方法可能并不简单。

目前还不清楚在类似情况下应如何处理估计可靠性的不确定性，例如确定运行测试中的性能特征是否与要求一致。在这个应用中，一种解释是估计可靠性的置信区间需要完全高于要求，以使系统被判断为是满足要求的。鉴于运行测试评估中常见的可靠性评估存在很大的不确定性，这将是一个过于严格的测试，通常会使系统在实际中达不到要求。（换句话说，这个规则会有很高的生产者风险。）另一种可能性是估计可靠性的置信区间只需要包括通过运行测试的要求。这个规则在小测试中有很大的消费者风险，因为那时可能会有一个系统的可靠性远低于要求，但如果不确定性很大，就不能拒绝系统达到要求的假设。事实上，通过使用这样一个决策规则，就会产生一个动机，即进行小规模的适用应运行测试，以便拥有可能通过此类系统的过宽的置信区间。

对于 DoD 来说最好的办法就是指定一个可靠性水平,这个水平将被认为是最低可接受水平,这样,如果系统在这个水平上能够运行,它仍然是一个值得获取的系统。这个最低可接受水平的确定将由计划执行办公室完成,并将包括对替代方案进行分析的通常考虑因素。在这种方法下,进行运行测试的决策规则可能是通过考虑拒绝适合系统的成本和接受不适合系统的成本来选择的,此外还可以通过确定较低的置信度界限是否低于这个最低可接受水平来判断其是否能够衡量可靠性水平当然。当然这种决策规则过于简单化,忽略了外部环境,因为外部环境可能会要求系统即使没有达到规定的可接受水平也要进行部署。

通过比较估计的可靠性水平和使用可靠性提升模型产生的目标,这种技术可以很容易地适用于监测可靠性提升。如上所述,这样的决策规则还必须考虑到迄今为止使用的测试场景和运行测试中使用的测试场景之间的差异,这与 DT/OT 所提到的问题相似。而且,这个决策规则也必须在模型错误指定的过程中为目标值的开发做出一些调整,因为用于该目的的模型将不能完全表示随着时间的推移可靠性如何提升。

DTM 11-003 中引用的最后一句话提出了一个技术问题,即何时制定子系统以及整个系统的可靠性提升目标是有用的。研究小组对此问题没有提出任何建议。

第8章 运行测试与评价

在第7章讨论开发测试在评估系统可靠性中的作用之后,本章将介绍运行测试在评估系统可靠性中的作用。在防务系统开发完成后,如果在运行测试中证明它已经达到了关键性能参数的要求,那么就可以升级到全速生产阶段。虽然模拟了进攻性武器的功能,运行测试的环境也尽可能接近现场的部署,但是在安全、环境和相关问题上仍存在其他限制。

在本章中,研究小组首先讨论运行测试的时机和功能,然后讨论测试设计和测试数据分析,最后讨论开发测试/运行测试(DT/OT)的差距。

8.1 运行测试的时机和功能

正如第1章所述,对防务系统性能的评估分为有效性和适应性两类,后者的一个主要组成部分是系统的可靠性。运行测试主要集中在评估系统的有效性,但也用于评估系统在最初制造时的可靠性。即使可靠性(适应性)评估的优先级低于有效性,但仍有强有力的证据显示,运行测试对于发现可靠性问题仍然是十分重要的。特别是,来自运行测试的可靠性评估往往远低于后期开发测试的可靠性评估。虽然运行测试的好处对于发现未知的可靠性问题是明显的,但是由于运行测试的持续时间较短,所以它不适合识别与较长时间使用有关的可靠性问题,例如材料疲软、环境影响和时效。

此外,虽然运行测试可能会识别出许多初始可靠性问题,但是在大多数可靠性问题被发现和纠正之前,防务系统进行运行测试的成本很高。在运行测试期间进行的设计更改非常昂贵,并且接口和互操作性问题还可能引入其他问题。

除非系统在与运行使用相关的压力下运行,否则许多可靠性问题不会出现,因此我们不应依赖运行测试来发现设计问题。更具有成本效益的战略是要求防务系统不被考虑进入运行测试,直到 DoD 的项目经理(承担商)和相关的运行测试机构的工作人员确信绝大多数可靠性问题已经被发现和纠正。实施这一策略的一个方法是要求防务系统不被提升为运行测试,直到系统的估计可靠性达到在运行相关条件下的可靠性需求。这个策略的另一个重要的好处是,它将消除或大大减少 DT/OT 可靠性差距,这就使目前判断系统在开发测试中评估的可靠性在运行测试中是否可以被接受变得复杂。

除了使用包括更为典型的实际应用(参见第 7 章)的开发测试之外,DoD 还可以采取 3 个步骤减少首次出现在运行测试中的可靠性问题的频率。

首先,DoD 可以要求承包商和开发测试满足可靠性提升的临时要求,例如已批准的测试和评估总体规划中的规定。如果不能满足这个要求,特别是在开发测试程序的后期发现存在实质性的缺陷时,这将是一个强有力的指标,表明该系统是有严重缺陷的。

其次,国防部可以指定那些本身不足以证明升级到运行测试计划的设计改进报告(即纸质研究)。相反,国防部可能会要求进行系统级测试,以评估设计改进的影响。

最后,DoD 可能要求对承包商的可靠性性能和开发测试进行说明,并将其记录在运行模式摘要/任务概况文档①(包括硬件和软件性能)中给出的全部潜在系统运行条件范围内。这样做可能有助于指出在运行相关条件下尚未完全测试的区域。单独的软件测试(可能与硬件存在分离)也可能需要全面探索系统的性能表现。

还有一些其他方面的运行测试是有限的,这对开发测试更加重要,因为这是发现设计问题的主要机会。对于新系统,运行测试最多只能提供系统可靠性的快照,这主要有两个原因:一是,个别测试样品的结果有些区别;二是,运行测试中使用的原型只能用于很短的时间,甚至不能接近预期的服务生命周期或系统预期的可用时间。因此,直到开发测试更多地使用加速寿命测试(参见第 6 章),以及在非加速测试中得到更具操作性的可靠性,在部署系统之前仍然存在一些很可能出现的可靠性问题。为了解决这个问题,研究小组建议 DoD 制定一个程序,要求跟踪运行后测试配置(即新设计、新制造方法、新材料或新供应商)

---

① 这个文档"定义了系统预期在该领域遇到的环境和压力水平,包括使用场景的总体长度、任务的顺序和维护机会"(国家研究委员会,1998 年,第 212 页)。

的现场执行情况,并使用数据通知同一系统的额外采办,同时计划和实施相关系统的未来采购计划(见第 10 章的建议 22)。

运行测试仅限于在特定场景和环境下运行的系统(很大程度上依据运行模式摘要/任务概况文档)。鉴于在运行测试中进行的有限测试以及由此导致的有关系统在其他运行使用情况下如何执行的有限知识,在制定系统使用计划、维护后勤保障性,以及在规定运行可靠性和更广泛的操作适应性要求时,应该适当考虑进行扩展。

尽管这个讨论强调了开发测试和运行测试之间的差异,但需要说明的是它们之间也有很强的相似性。因此,第 7 章(和其他章节)中关于实验设计和数据分析对开发测试的重要性的许多讨论也普遍适用于运行测试。在接下来的设计和数据分析中,研究小组将重点放在与运行测试特别相关的问题上。

8.2　测试设计

主要的运行测试事件是初始运行测试和评估。对于预计的威胁和使用场景,这实际上是一个实际操作测试,它包括具有生产代表性的硬件和软件系统,经过认证和培训的操作员和用户,以及与预计的初始版本兼容的后勤和维护支持。

理想情况下,初始运行测试和评估活动的范围应该足够大,从而可以对初始运行可靠性进行合理的独立评估,也就是说,关于交付系统的可靠性,其提供可接受的消费者风险水平应该足够高。这个要求的测试将需要大量的测试时间,使用多个不同的测试办法,并且需要集中在单个或者少量的测试环境中。为了降低消费者风险,该系统可能被设计为具有比降低运行测试失效的可能性更大的可靠性(尽管第 7 章中描述的识别最低可接受水平的程序可以减少对此方法的需要)。

不幸的是,在很多情况下,通常由于缩放限制,产生具有狭窄的置信区间的系统可靠性的估计是不可行的,因此需要寻求额外的机会来评估运行可靠性的想法是可取的。这样的评估可以通过最后的开发测试来实现,从而提高运行测试和开发测试信息结合的前景。(这种方法也可以帮助进行初始运行测试并评估相应的详细计划。)

全系统开发测试相对于可靠性评估,可能是更具操作性的一种方式,因为其为用户和操作员提供早期和持久的机会与系统进行交互。这种方法还可以支持对系统改进过程的反馈,因此无论是在专门的测试过程中还是非正式地进行,都应该鼓励这种反馈。此外,可以在初始运行测试之后进行一个或多个重点的后续测试,从而允许先前观察到的缺陷和新实施的重新设计或维修被检查。但是,其能否通过适当长度的可靠性测试仍然是一个挑战。因此,更应该重视生产出可靠性已经达到要求①的系统的开发测试。

研究小组在上面讨论了修改开发测试设计以探索在承包商测试中发现的可能有问题的元件或子系统的重要性。开发测试和运行测试之间的关系也是一样的。如果在开发测试中发现可靠性不足,并且对系统进行了修改,那么应该在运行测试中增加一些重复测试以确保修改是成功的。研究小组知道,运行测试设计通常试图模仿运行模式摘要/任务文档中表示的预期使用的文件。然而,这样的设计通常可以被有效地修改以提供关于在开发测试中提出的问题的信息,特别是当这些问题没有被设计修改所解决时,或者当这样的设计修改在该过程的后期未经过全面测试而被执行时。

8.3 测试数据分析

为了大大提高运行测试分析的可用信息,收集和存储每个测试报告中的可靠性数据非常重要,这样能够方便构建完整的历史记录(运行时间、运行模式摘要/任务文档阶段或事件、失效次数等)。如果运行测试是在不同的测试事件中完成的,那么这种重新创建历史记录的能力应该在整个测试中保持完整。此外,如第 7 章所述,收集和存储数据以支持不同类型的失效或失效模式的分析将是有价值的。

报告所有的失效记录是至关重要的。如果要从测试数据中删除失效,则需要有一个完整的记录和可检查的解释。注意这份记录需要足够详细以支持文件化的评估,同时也需要观察失效是否应该被删除,这一点也很重要。即使一个事件被评为"没有测试",也需要对观察到的失效进行仔细检查,因为它们有可能影响有关可靠性提升的评估。

对于确定什么样的可靠性模型最适合于运行测试的数据,通常比较有用的方法是图形化地显示失效的时间表(可能按失效类型或子系统分解),以检查一个特定类型的生命分布模型是否合适(特别是指数假设)。特别是对于在开始阶段识别时间趋势中由于磨损或各种形式的退化而引起的问题是很重要的。

---

① 一些学者认为使用顺序设计的方法可以使得测试更有效率。然而,即使在运行测试期间采用顺序设计的方法,实际的限制(例如直到失效原因完全被解释后才会产生延迟的评分)也会阻碍其使用。

Crowder 等(1991)在可靠性数据的图形显示方面提出了许多有用的想法。这样的图形显示对于帮助决策者理解开发测试和运行测试的结果以及如何表明当前的性能水平也非常重要。美国陆军测试与评估司令部有一些非常有用的图形工具可用于此目的(Cushing,2012)。

如果数据已经被收集和获得,那么对它们的综合分析可以为决策者提供更多的信息,而不是粗略的汇总分析,以便在更全面地了解系统能力的基础上,作出促进全面生产和其他问题的决定。换句话说,运行测试的分析不应该仅仅关注估计的关键性能参数与系统需求的差异。虽然这种汇总评估很重要,因为它们会在决定系统是否"通过"其运行测试时发挥着作用,但运行测试数据可以提供的其他信息可能也是非常重要的。例如,如果新系统在一些使用场景中都明显优于现有系统,但却在某一特定场景中明显低于某一系统,那会怎么样?这样的选择对于决定新系统的策略可能很重要。或者,如果新系统优于现行系统,但是新系统之中的一个原型却劣于现行系统,会怎么样?在这种情况下,解决偶然性导致质量差的制造问题将是一个研究的重点。这些只是在这种情况下可以通过详细的数据分析发现的大量潜在的系统性能的两个例子。在这两种情况下,存在着一些统计方法来量化物品间的异质性(例如随机效应模型),并描述可用于提供此类评估的不同条件(例如回归模型)的表现。

如果需要对开发测试和运行测试数据进行数据分析,以提高估计的可靠性参数的精确度,那么就应对环境条件、运营商和用户、使用流程、数据收集和评分规则、硬件/软件配置、接口等进行对比(见第 7 章的讨论)。这样的统计在实际运行中会遇到很多挑战,在这些不同的测试事件中会出现一些结合了运行相关测试的新结果。(各系统的具体情况会有所不同)尽管研究小组大力鼓励应对这一挑战,但应将这些努力视为一些难以解决的研究问题,而这些研究问题仅涉及少数个案。Steffey 等(2000)是研究小组所知道的解决这个问题的先例,但是他们的方法只更新了一个单一的参数,研究小组认为由于这个参数没有适当的扩展,所以限制了适应性。另外,如上所述,PREDICT(预测)技术可以被认为是尝试解决这个问题的方法。

研究小组还注意到,在运行测试事件期间,系统的老化、疲软或劣化影响是可观察的,但可能没有发展到要被实际的失效事件记录的程度。其例子包括车辆胎面磨损和机枪筒磨损。忽略这些信息可能会阻碍磨损或疲劳测试的启动。当该影响很大时,退化数据的统计建模可以对长期失效率的操作代表性估计进行改善(参见 Meeker 和 Escobar,1998,第 13 和 21 章;Escobar 等,2003)。对这种分析的必要性可能是先验的,也可能对开发测试结果的分析。这种分析可能是非常重要的,因为对于一些主要性能的关键子系统(例如飞机发动机)来说,跟踪可靠性和预测谨慎的更换时间对经验模型的开发成本与安全方面具有深远的影响。由于运行可靠性的结果是从初始运行测试和评估(以及可能的后续运行测试和评估)中产生的,因此应谨慎处理这些潜在的拥有成本的信息来源,并将这些考虑因素纳入可靠性提升计划中。陆军装备系统分析机构(AMSAA)灵活的 COHORT(保存、持有、维修和运输)模型就是这一概念的保证(参见 Dalton 和 Hall,2010)。此外,对于可维修系统,新系统的失效分布与具有不同数量的维修系统的显示将是信息性的。

最后,在运行测试中有一些可直接观察到的估计,并且有一些估计是基于模型的,因此由于模型可能发生错误而使得估计具有更大程度的不确定性。正如以上关于生命周期成本的讨论所表明的那样,每当重要的推断明显地依赖于未被充分验证的模型时,就需要对其进行敏感性分析以提供由于假定的模型形式而引起的可变性数据。运行测试估算应作为"已证实的结果"(即可在运行测试中直接观察到)呈现给决策者,或作为评估对假设的敏感性的"推断估计"。

8.4　开发测试/运行测试的差异解析

众所周知,使用开发测试数据进行可靠性评估通常是在运行相关条件下对可靠性的乐观估计。图 8 - 1 显示了 1995—2004 年陆军Ⅰ类系统开发测试与运行测试可靠性的比例。所描绘的 44 个系统是从陆军测试与评估司令部创建的陆军系统数据库中选择的,其满足以下标准:①具有 DT 和 OT 结果的系统;②报告相同的可靠性指标,即平均失效间隔时间;③DT 和 OT 相对接近。DT/OT 的差距可能是由开发测试中以下几个方面的原因产生:

(1) 由受过良好培训的用户而不是典型的操作用户所使用;
(2) 没有考虑敌对系统以及其反应措施;
(3) 系统应用程序的脚本性质:系统操作员往往知道事件的顺序;
(4) 仅通过使用建模和仿真表示部分系统功能。

上面的最后一点可能是接口和互操作性问题经常在运行测试中出现的原因。此外,如(3)所示,开发测试中使用的场景经常与运行测试中使用的场景不同,因此难以将开发测试中的系统与运行测试中特定任务的结果相匹配。

由 DT/OT 差距引起的问题是,当被认为具有接近或等于所需水平的可靠性的系统被判定为可进行运行测试时,与其操作相关的可靠性估计可能明显较少。因此,在运行测试过程中,必然会发现大量的设计缺陷,从而将不符合运行测试

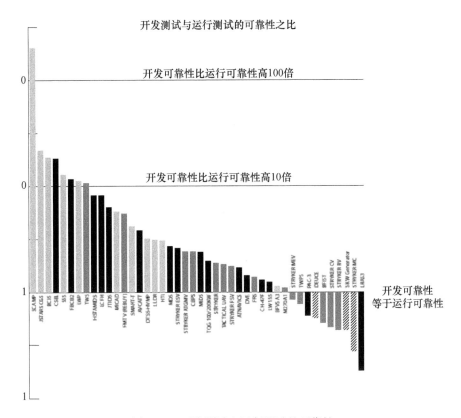

图 8-1　开发测试和运行测试的可靠性
注意 DT = 开发测试，OT = 运行测试
红色区域是开发测试达到可靠性但是运行测试没有达到可靠性的部分
黑色区域是开发测试和运行测试均达到可靠性的部分
棕色区域是开发测试没有达到可靠性但是运行测试达到可靠性的部分
Y 轴表示开发测试与运行测试可靠性的商的指数形式
来源：E. Segile 开发测试和运行测试可靠性评估，第五页，未出版）

结构的目标，即无法将可靠的系统提升为全速生产。（正如上面所强调的那样，在开发过程中，设计变更的效率并不高。）

存在一些解决 DT／OT 差距的设计和分析方法。研究小组从设计的可能性开始，解决上面列出的 4 个差异（即培训程度、反措施和敌方力量、使用的脚本程度、接口和互操作性的表示）。对于让用户进行典型的测试培训而言，虽然研究小组知道可能很难安排这样的用户进行许多开发测试，但是研究小组认为系统，特别是软件系统，可以通过要求单元试用系统并报告其发现的可靠性问题。其次,对于许多类型的敌方系统和对策,各种形式的建模和仿真可以提供一些回避行动所带来的压力问题。再次,相对于脚本而言,与敌方表现密切相关的力量和对策,系统操作员通常没有理由需要精确地知道将要执行的动作的顺序。最后,就系统功能尚未完成的代表而言,这是在交付给国防部进行开发测试之前进行全系统操作相关测试的一个原因。

除了设计变更之外,还可以通过估算差距的大小并相应地调整开发测试的方法来估算 DT/OT 差距。研究小组建议建立一个数据库(参见第 10 章中的建议 24),其将有助于开发这种模型,并且将有助于比较开发测试和运行测试的可靠性估计。

AMSAA 的 Paul Ellner 在小组研讨会上对这一挑战进行了评论,并说明了可以采取的措施。他认为,如果以平均失效间隔时间来表述要求,则开发测试的目标应该高于要求,因为需要减少计划开发测试和运行测试之间的平均失效间隔时间。在运行测试中会出现两种新的失效模式,其中包括运行测试和开发测试共享的失效率较高一些模式。

Ellner 认为 DT/OT 差距很大,会导致以下 3 个严重的后果:

(1) 使系统处于无法通过运行测试的重大风险之中。

(2) 这可能会导致系统的更新。这些系统后来需要进行昂贵的修改,以提高任务的可靠性并减轻其物流负担。

(3) 对于开发测试环境,需要获得足够高的可靠性,以补偿潜在的运行失效模式的可靠性或边际可靠性,这种方法并不符合成本效益,也不可行。

他认为在开发测试中,不可能达到 100% 以上的可靠性。此外,如果开发测试不能引起在运行使用中出现的那些相同的失效模式,那么在操作相关的使用下,这对于可靠性评价可能是没有意义的。

举一个真实的例子,Ellner 提到一个带有炮塔的车辆的开发测试。在开发测试期间,车辆是静止的,系统由基础电源供电,并且由承包商的技术人员操作系统。在运行测试中,车辆被驱赶,系统由车辆动力驱动,由军事人员操作系统。在开发测试中,8% 的失效率是由于炮塔问题造成的。然而,当用户程序加权以反映运行模式摘要/任务文件时,23.9% 的失效率是由于炮塔问题造成的。更为惊人的是,在运行测试中,60.4% 的失效率是由于炮塔造成的。

为了减小 DT/OT 的可靠性差距,Ellner 提出了修改开发测试事件的设计或修改测试分析的方法。对于开发测试的设计,可以通过使用 Ellner 提到的"平衡"测试来更加紧密地依赖操作使用步骤,即测试的每个时间间隔的累积应力应该与操作任务文档更紧密地匹配。

在修改测试分析时，Ellner 提出了一种方法，该方法通过使用贝叶斯算法将开发测试和运行测试数据结合起来，该方法利用不同类型系统的历史信息，与先前观察到的 DT/OT 之间的差距（参见 Steffey 等，2000）。采用这种方法的一个难点在于，不仅使用场景从开发测试转变为运行测试，而且随着测试结果对设计的改进，系统本身也在变化。了解这种动态能否成功处理问题的唯一方法就是利用案例研究，查看这些模型的估计值与基于现场表现的可靠性估计值是否存在显著的差异。

Ellner 区分了开发测试的不同阶段，因为一些功能在早期开发测试中通常不被使用，但是在开发测试的后期又被使用。此外，后期开发测试通常涉及全系统测试，而早期开发测试通常涉及元件级和子系统测试。Ellner 指出，为了将注意力集中在后期开发测试与运行测试的差异比较上，可能会出现一些使用场景的"正规化"方法，即通过构造虚拟场景与运行测试（或现场使用）所面临的场景相匹配。也就是说，在可行的情况下，可以尝试重新设定开发测试场景，以反映运行测试中使用的压力比率。例如，如果只有 10% 的测试偏差位于崎岖的地形上，但有 80% 的预期运行任务是在崎岖的地形上，那么估计地形引起的失效发生率就可以适当加权，从而达到实际上有 80% 开发测试时间是在崎岖的地形上的新要求。

研究小组强烈建议使用这些缓解措施来减少 DT/OT 之间的差距大小。此外，研究小组建议关注和研究差距统计模型的发展（见第 10 章建议 24）。

第 9 章 软件可靠性提升

类似于前面章节中涉及的硬件系统主题,本章将介绍软件可靠性提升模型、软件可靠性设计以及软件提升监控和测试。

软件可靠性(如硬件可靠性)被定义为软件系统在特定条件下和特定时间段内无失效运行的可能性(Musa,1998)。但是软件可靠性与硬件可靠性在重要性方面有所不同。软件可靠性问题是确定的,即每次将特定的一组输入应用于软件系统时,结果将是相同的。这与硬件系统明显不同,对于硬件系统而言,确切的失效时刻以及失效的确切原因可能因系统的差异而不同。另外,软件系统不会受到磨损、疲劳或其他形式的退化所带来的影响。

在某些情况下,可靠性错误归因于整个系统,在子系统或元件之间不做区分,并且这种归因在许多应用中是适当合理的。但是与任何失效模式的情况一样,有些时候适合使用单独的指标和单独的子系统或元件可靠性评估(关于系统结构以及区分软件和硬件可靠性),然后对其进行汇总以完成全系统评估。考虑到软件和硬件可靠性的不同,这种单独的处理方式与软件失效尤为相关。

第 4 章中关于硬件可靠性的提升主要与全系统测试中发生的增长有关,并与开发测试的中后期阶段相关。相反,除了整个系统是软件情况外,软件可靠性提升主要被认为是一个元件级问题,这个问题出现在系统由承包商开发的时候或者最迟出现在开发测试的早期阶段。因此,负责软件可靠性的主要对象是承包商。

在本章中,研究小组首先讨论软件可靠性提升模型,因为它已被普遍理解并用于防务系统的可靠性获取中。然后,研究小组介绍了一种新的方法——基于指标的建模：研究小组描述了已经完成的工作，并讨论如何构建基于指标的预测模型。本章的最后两节简要介绍了测试和监控。

9.1 软件可靠性提升模型

1. 经典模型设计

由于多种原因，软件可靠性提升模型充其量只能有限地用于对开发中的软件系统的未来可靠性进行预测。最重要的是，软件系统开发过程中的可靠性提升模式往往不是单调的，因为解决缺陷的修正有时会带来额外的缺陷。因此，尽管非均匀泊松过程模型是开发软件（和硬件）系统可靠性建模的主要方法之一，但是对于软件系统，它往往只能为管理者提供较差的推理和决策规则。

与软件相关的这些模型中的其他缺点是：将对时间的大量依赖作为建模因素、软件系统的动态行为、未考虑影响软件可靠性的各种环境因素以及硬件的相互作用。关于时间依赖性，很难为软件系统创建一个基于时间的可靠性模型，因为相同的软件系统相对于不同的软件操作使用程序可能具有不同的可靠性估计值。作为使用环境、所使用的任务以及与硬件元件的交互作用的软件系统的动态行为都使建模软件的可靠性进一步复杂化。

Siegel(2011,2012)描述了软件的相关复杂性。软件可靠性的指标模型常常来源于代码流失、代码复杂性、代码依赖性、测试覆盖率、错误信息、使用遥测等近期的大量研究，它们也已经被证明是代码质量的有效预测因子。因此，在基于软件可靠性提升模型的讨论后，本书讨论了使用指标参数的模型，研究小组认为这些模型对于预测系统的软件可靠性具有重要的参考价值。

一些软件可靠性提升模型是可用的并且它们代表了软件可靠性研究中相当大的比例。它们从简单的纳尔逊模型（Nelson,1978）到更复杂的基于超几何学的覆盖模型（例如 Jacoby 和 Masuzawa,1992），基于构件的模型和面向对象的模型（例如 Basili 等,1996）。几种可靠性模型使用了马尔可夫链技术（例如，Whittaker,1992）。其他模型是基于使用操作程序，即一组软件操作及其发生的可能性（例如，Musa,1998）。这些操作步骤用于识别软件中潜在的关键操作区域，以表示需要增加这些区域的测试工作量。最后，大量的软件可靠性提升模型用非均匀泊松过程来描述（参见 Yamada 和 Osaki,1985）：这个组中还包括 Musa（例如 Musa 等,1987）和 Goel – Okumoto 模型（如 Goel 和 Okumoto,1979）。

软件可靠性模型大致可以分为以下 7 类(Xie,1991)：

（1）马尔可夫模型：如果一个模型的失效过程的概率假设本质上是一个马尔可夫过程，则该模型属于这个类型。在这些模型中，软件的每个状态都有与之相关的转换概率，这些转换概率决定了软件的操作标准。

（2）非均匀泊松过程模型：如果主要假设失效过程是由非均匀泊松过程描述的，则该模型就属于这一类型。这类模型的主要特点是存在一个平均值函数，它是由给定时间内的预期失效次数定义的。

（3）贝叶斯过程模型：在贝叶斯过程模型中，在测试开始之前，需要收集有关要研究软件的一些信息，例如先前版本的固有失效密度和缺陷信息。然后将这些信息与收集的测试数据结合使用，从而可以更准确地估计和预测可靠性。

（4）统计数据分析方法：将各种统计模型和方法应用于软件失效的数据。这些模型包括时间序列模型、比例风险模型和回归模型。

（5）基于输入域的模型：这些模型不会对失效过程做出任何动态的假设。其构建软件所有可能的输入域和输出域，并根据测试结果确定输入域和输出域之间的映射关系。换句话说，对于输入域中的一个特定值，要么产生输出域中的对应值，要么识别出失效。

（6）播种和标记模型：这些模型与基于软件系统中失效人工数据的捕获与重捕获的方法相同。测试评估是在测试结束时未被发现的失效原因的百分比函数。

（7）软件指标模型：在模型中使用作为软件复杂性指标的软件可靠性指标来估计软件中剩余的软件失效数量。

在这些经典的可靠性模型中，有相当一部分使用测试失效的数据来估计系统（或子系统）的可靠性。但是对于许多软件系统，开发人员力争使系统通过所有写入的自动化测试，且系统往往没有可测量的错误。即使出现失效，如果测试工作不全面，这些失效也许不能准确反映软件的可靠性。相反，如 Ehrenberger(1985) 和 Miller 等(1992)所描述的"无失效"评估模型可能更适合用于这种方法。

影响传统软件可靠性模型的另一个因素是，在软件系统中，从系统行为中得出的实际的产品质量（例如失效率）通常不能被测量，而直到生命周期的晚期才能被测量，并在之后再实现可负担得起的纠正措施。当实际运行中发生测试失效时，系统已经被执行。总的来说，在开发的不同阶段，需要采取多阶段方法来收集相关子系统的各种指标，因为不同的指标在不同的开发阶段是可以估算的，有些可以作为软件质量的早期指标。对于这些方法的描述，可参见 Vouk 和 Tai，1993；Jones 和 Vouk，1996。在专栏 9-1 中，研究小组提供了经典可靠性提升模型的简短描述以及每种方法的一些局限性。

专栏 9 - 1　软件可靠性提升经典模型综述

纳尔逊模型

这是基于测试失效次数的非常简单的模型：

$$R = \frac{1-\hat{n}}{n}$$

其中：R 是系统可靠性；$\hat{n}$ 是测试过程中失效的次数；n 是测试运行的总数。

这种模式的一个局限性是，如果没有可用的失效，可靠性将变成 100%，但并不总是如此。有关详细信息请参阅 Nelson(1978)。

失效播种模型

在这些模型中，失效是由开发者故意植入到软件中的。测试工作是根据在测试过程中发现的这些注入缺陷的数量来评估的。利用剩余的注入缺陷数量，使用重捕获方法来计算基于测试工作质量的可靠性估计。这种模型的局限性在于，对于大多数大型系统，并不是所有元件都具有相同的可靠性。失效播种也可能有偏差，造成估计问题。有关详细信息请参阅 Schick 和 Wolvertone(1978) 以及 Duran 和 Wiorkowski(1981)。

超几何分布

这种方法通过假设在几个测试实例类别的每一个类别中经历的失效数量遵循超几何分布来模拟整个系统的可靠性。但是，如果所有的测试案例都通过了，那么就没有任何错误或者失效可以分析。有关详细信息请参阅 Tahoma 等 (1989)。

失效传播模型

在这个模型中，每个级别(测试周期或阶段)的失效数目被用来预测软件的未测试区域。该模型的一个局限性是需要在开发周期中足够早地提供数据，以便经济地指导纠正措施。有关详细信息请参阅 Wohlin 和 Korner(1990)。

失效复杂性模型

这个模型根据失效的复杂性对其进行排序。系统的可靠性是根据软件的每个复杂等级(高、中、低)中的失效数量估计的。有关详细信息请参阅 Nakagawa 和 Hanata (1989)。

Littlewood - Verall 模型

在这个模型中，假设失效之间的等待时间服从指数分布，假定参数具有先验的伽马分布。有关详细信息请参阅 Littlewood 和 Verall(1971)。

Jelinski - Moranda(JM) 模型

在 JM 模型中，软件失效的初始数目是未知的，而失效发现之间的时间间隔呈指数分布。基于这种设置，JM 模型被建模为马尔可夫过程模型。详情请参阅 Jelinksi 和 Moranda (1972)。

用于无失效概率的贝叶斯模型

这个模型用于处理无失效软件的可靠性。假设时间 t 的可靠性具有以下形式：

$$R(t|\lambda, p) = (1-p) + pe^{-\lambda t}$$

其中，λ 由先验的伽马分布给出，并且 p(软件不是无失效的概率)由贝塔分布给出。使用这两个参数，构建贝叶斯模型来估计可靠性。详情请参阅 Thompson 和 Chelson(1980)。

使用几何分布的贝叶斯模型

在这个模型中，根据第一个发生失效的第 i 个调试实例的测试用例数量，确定当前调

续表

试实例中剩余的失效数量。详情请参阅 Liu(1987)。

Goel - Okumoto 模型

这是一个非均匀的泊松过程模型,其中 t 时刻的累积失效数分布的均值由 $m(t) = a(1 - e^{-bt})$ 给出,其中 a 和 b 是从收集的失效数据中估计的参数。详情请参阅 Goel 和 Okumoto(1979)。

S 型模型

这也是一个非均匀的泊松过程模型,其中累积失效数分布的均值由下式给出:$m(t) = a(1 - (1 + bt)e^{-bt})$,式中,$a$ 是检测到失效的期望数目;b 是失效检测率。详情请参阅 Yamada 和 Osaki(1983)。

基本执行时间模型

在这个模型中,时间 t 的失效率函数为

$$\lambda(t) = fK(N_0 - \mu(t))$$

式中:f 和 K 为与测试阶段相关的参数;N_0 为假定的初始失效数;$\mu(t)$ 为 t 次测试后纠正的失效数。

这个模型的一个局限性是当在执行时间 t 没有初始失效数和失效率函数时,它不能被应用。有关详细信息请参阅 Musa(1975)。

对数泊松模型

这个模型与基本执行时间模型有关。但是,这里的失效率函数由下式给出:

$$\lambda(t) = \lambda_0 e^{-\phi\mu(t)}$$

式中:λ_0 为初始破坏强度;ϕ 为破坏强度衰减参数。详情请参阅 Musa 和 Okumoto(1984)。

杜安模型(威布尔过程模型)

这是一个具有均值函数的非均匀泊松过程模型:

$$m(t) = \left(\frac{t}{\alpha}\right)^{\beta}$$

其中 α 和 β 两个参数是使用失效时间数据估计的。详情请参阅 Duane(1964)。

马尔可夫模型

马尔可夫模型需要状态间的转移概率,状态是由定义软件系统功能的关键变量的当前值确定的。使用这些转移概率,创建并分析随机模型的稳定性。该模型的一个主要限制是在一个大型的软件程序中可能有很多状态。详情请参阅 Whittaker(1992)。

傅里叶级数模型

在这个模型中,使用时间序列分析估计失效聚类。有关详细信息,请参阅 Crow 和 Singpurwalla(1984)。

基于输入域的模型

在这些模型中,如果在输入空间到预期输出空间的映射中存在错误,则该映射被识别为要被提取的潜在错误。这些模型通常是不可行的,因为大型软件系统中存在很大的不确定性。详情请参阅 Bastani 和 Ramamoorthy(1986)以及 Weiss 和 Weyuker(1988)。

2. 性能指标和预测模型

一个用于判断软件设计是否能够提升软件系统可靠性的方法是基于性能指标。这些指标可用于跟踪软件开发，并作为输入决策规则，例如接受子系统或交付系统。除了这些指标之外，最近有一些关于预测模型的研究，其中一些源自McCabe(1976)的工作以及更近期的类似工作(例如 Ostrand 等，2005；Weyuker 等，2008)。

对于广泛类别的软件系统，很可能已经存在可以在开发之前使用的预测模型，而不是专门用于跟踪和评估的性能指标。在建议阶段，这样的模型也可以用来帮助确定投标阶段表现较好的承包商。此外，软件工程界在构建可推广的预测模型(即在一个系统中将训练的模型应用于另一个系统)方面进行了大量的研究。Nagappan 等(2006)给出了这种方法的一个例子。鉴于早期识别问题软件所带来的好处，研究小组强烈鼓励 DoD 按照商业软件行业的惯例，在软件可靠性方面保持最新的状态，同时更加重视对于数据的分析。当明确存在广泛适用的预测模型时，DoD 应考虑强制承包商在软件开发中使用这些模型。

目前已经发现许多指标与软件系统的可靠性有关，因此这些指标可作为评估可靠性需求进展的重要候选项，其中包括代码混乱、代码复杂性和代码依赖性(见下文)。

研究小组注意到，根据国防采办大学提供的可靠性和可维护性课程，可以列出 10 个提升软件可靠性和可维护性的因素：

(1) 良好的需求声明；
(2) 采用模块化设计；
(3) 采用高级语言；
(4) 采用可重复使用的软件；
(5) 采用单一语言；
(6) 采用容错技术；
(7) 采用失效模式和效应分析；
(8) 通过独立团队的工作审查和核实；
(9) 软件功能测试调试；
(10) 良好的文件管理。

这些因素都是可以直接衡量的，同时也可以由承包商在整个开发过程中提供。

9.2 基于指标的模型

基于指标的模型是一种特殊类型的软件可靠性提升模型,其在防务系统中还没有得到广泛应用。这些模型是软件可靠性提升模型,是基于对被认为与系统可靠性密切相关的软件指标的变化进行评估的。本节的目的是为了让读者了解在软件开发过程中何时使用基于指标的模型。国际标准组织和国际电工委员会1498-1的标准规定:"除非有证据表明它们与某些外部可见的质量相关,否则内部指标值几乎没有价值。"然而,内部指标作为与产品的现场质量(可靠性)相关(以统计上有意义且稳定的方式)且是外部可见的产品质量(见Basili等,1996)的早期指标,已被证明是有用的。

这种内部指标的验证需要一个令人信服的证明,即该指标衡量的是它声称要衡量的标准并且其与一个重要的外部指标相关联,例如现场可靠性、可维护性或失效倾向性(有关详细信息参见El-Emam,2000)。软件失效倾向性被定义为软件中存在失效的概率。失效倾向性是特定软件元件在运行中失效的可能性。软件的失效倾向性越高,在逻辑上,所生产的软件的可靠性和质量越低,反之亦然。

使用操作授权信息可以将产品的一般失效倾向性和失效倾向性联系起来。关于失效倾向性的研究主要集中在两个方面:捕获软件复杂度和测试完全性的指标定义,以及对软件指标与失效倾向相关联的模型进行识别和实验(参见Denaro等,2002)。尽管可以在部署之前测量软件失效倾向性(例如每个结构单元的失效计数,例如代码行),但是在部署之前不能直接在软件上测量失效倾向性。

5种类型的指标被用来研究软件质量:①代码流失指标,②代码复杂性指标,③代码依赖性,④缺陷或缺陷数据,⑤人员或组织指标。本节其余部分虽然并不全面,但讨论了可以使用这些指标构建统计模型的类型。

1. 代码流失

代码流失测量是在一段时间内对元件、文件或系统所做的更改。最常用的代码流失指标是添加、修改或删除代码行数。其他流失指标包括时间流失(相对于系统释放时间的流失)和重复流失(同一文件或元件的变化频率)。Graves等(2000)基于时间阻尼模型使用软件变化历史来预测失效发生率,所述的时间阻尼模型使用来自模块的所有变化的贡献总和,其中大的或最近的变化对失效潜力贡献最大。Munson 和 Elbaum(1998)观察到,随着一个系统的开发,被改变的每个程序模块的相对复杂性将会改变。他们研究了一个包含 30 万行代码的软件元件,该组件嵌入了一个用 C 语言编程的 3700 个模块的实时系统中。代码流失指标被发现与问题报告的相关度最高。

另一种代码流失是调试流失,Khoshgoftaar 等(1996)将其定义为错误修复而添加或更改的代码行数。研究人员的目标是确定调试代码流失超过阈值的模块,以便将模块分类为容易出错的模块。他们研究了两个连续发布的大型电信遗留系统,该系统的 171 个模块中包含 38,000 多个程序。判别分析基于 16 种静态软件产品指标来识别易发生失效的模块。他们的模型在第二版中使用时,Ⅰ型和Ⅱ型误诊率分别为 21.7% 和 19.1%,总误诊率为 21.0%。

Ostrand(2004)等在负二项回归方程中使用了新的状态信息、改变的状态信息、未更改的状态信息以及其他解释变量(如代码行、年龄、以前的错误)作为预测变量,成功地预测了多版本软件系统中的失效数量。他们的模型对于早期和后期发现的失效具有很高的准确性。

在 Windows Server(2003)的一项研究中,Nagappan 和 Ball(2005)阐述了使用相对代码流失指标(在系统演化过程中获得的各种指标的标准化值)预测统计显著性水平下的缺陷密度。Zimmermann 等(2005)挖掘了 8 个大型开源系统(IBM Eclipse、Postgres、KOfce、gcc、Gimp、JBoss、JEdit 和 Python)的源代码库,以预测这些系统将来会发生什么变化。他们的系统提出的前 3 个建议为未来的变化确定了一个正确的位置,其准确率为 70%。

2. 代码复杂性

代码复杂性测量的范围从经典的圈复杂性指标(参见 McCabe,1976)到最近的面向对象指标,其中之一被称为 CK 指标套件(Chidamber 和 Kemerer,1994)。McCabe 设计了圈复杂性这一指标来衡量程序的可测试性和可理解性。圈复杂性指标是从经典的图论出发的,它可以定义为程序中线性无关路径的数量。CK 指标套件标识了 6 个面向对象的指标:

(1)每类的加权方法,是类中定义的所有方法的加权和;
(2)对象之间的耦合,是与一个类耦合的其他类的数目;
(3)继承树的深度,是一个给定类中最长的无限路径的长度;
(4)子女人数,即每班有子女(班级)的人数;
(5)对类的响应,是启动特定类的对象而调用方法的数量计数;
(6)缺乏方法的一致性,即相似度为零的方法个数减去相似度不为零的方法个数。

在具有失效倾向的系统背景下也研究了 CK 指标。Basili 等（1996）采用 8 个学生项目研究了软件程序中的失效倾向性。他们发现上面列出的第一个面向对象的指标与缺陷相关，而最后一个指标与缺陷无关。Briand 等（1999）得到了一些相关的结果而 Subramanyam 和 Krishnan（2003）对另外 8 个实证研究进行了调查，这些调查都显示了面向对象的指标与缺陷显著相关。Gyimóthy 等（2005）分析了 Mozilla 代码库的 CK 指标，发现对象之间的耦合是防止预测类的失效倾向性的最好措施，而子类的数量对于失效倾向性预测是无效的。

3. 代码依赖性

Pogdurski 和 Clarke（1990）的早期工作基于从程序文本推断出的两段代码之间的关系，提出了一个正式的程序依赖模型。Schröter 等（2006）表明，这种依赖关系可以预测系统可能发生的缺陷。他们提出了另一种预测 Java 类失效的方法。他们没有考虑类的复杂性，而是专注于研究使用的元件。对于开源的集成开发环境 Eclipse，他们发现使用编译器包导致的失效发生率（71%）比使用图形用户界面包（14%）高得多。Zimmermann 和 Nagappan（2008）构建了 Windows Server 2003 的系统范围代码依赖关系图，发现从（社交）网络指标构建的模型与从复杂性指标构建的模型相比精度要高出 10 个百分点。

4. 缺陷信息

缺陷增长曲线（即缺陷被发现的速率）也可以用作衡量软件质量的早期指标。Chillarege 等（1991）在 IBM 表明，缺陷类型可以用来理解系统的净可靠性提升。Biyani 和 Santhanam（1998）指出，在 IBM 的 4 个工业系统中，每个模块的开发缺陷与每个模块的现场缺陷之间存在着很强的关系。这种方法允许建立基于开发缺陷的预测模型来识别现场缺陷。

5. 人员和社会网络指标

Meneely 等（2008）在北电网络为一个拥有 300 万行代码的系统，建立了一个开发者之间使用流失信息的社交网络。他们发现使用这种社会措施建立的模型显示系统中 20% 的文件中有 58% 的比率失效。Nagappan 等（2008）进行的研究使用微软的组织结构发现，组织指标是 Windows 失效的最佳预测因素。

9.3 构建基于指标的预测模型

在用软件指标预测软件可靠性时,现已经提出了许多方法。逻辑回归是一种比较常用的技术,已被用于构建基于指标的可靠性模型。逻辑回归方程的一般形式如下:

$$\Pr(\pi) = \frac{e^{c+a_1X_1+a_2X_2+\cdots}}{1+e^{c+a_1X_1+a_2X_2+\cdots}}$$

式中:c,a_1,a_2 为逻辑回归参数;$X_1,X_2\cdots$为建立逻辑回归模型的自变量。在基于指标的可靠性模型中,自变量可以是从代码流失和代码复杂性到人员和社交网络指标的任何(组合)指标。

基于指标的预测模型中使用的另一种常用技术是支持向量机(详见 Han 和 Kamber,2006)。要快速了解这种技术,首先应考虑一个二维训练集,其中包含两个类,如图 9-1 所示。在图(a)中,代表软件模块的点是无缺陷的(圆形)或有缺陷的(盒子)。支持向量机通过搜索最大边界的超平面将数据云分成两组;在二维情况下,这个超平面就是一条线。在(a)中有无限多个可能的超平面将两组分开。支持向量机选择带有边界的超平面,使得类之间的距离最大。(a)显示了一个具有小边缘的超平面;(b)显示了一个具有最大边缘的超平面。最大裕度由训练数据中的点确定——这些"基本"点也称为支持向量;在图(b)中,它们用粗体表示。

因此,支持向量机可以计算决策边界,用于分类或预测新的点。一个例子是图 9-1(c)中的三角形。边界能够显示新软件模块位于超平面的哪一侧。在这个例子中,三角形在超平面下面。因此其可以被归类为无缺陷。

用单个超平面分离数据并不总是可能的。图 9-1 中的(d)显示了非线性数据的一个例子,对于这种情况不能用一条线分离二维数据。在这种情况下,支持向量机使用非线性映射将输入数据转换为高维空间。在这个新的空间中,数据被线性分离(详情请参阅 Han 和 Kamber,2006)。支持向量机比其他一些方法更不易于过度拟合,因为复杂度的特点是支持向量的数量,而不是输入的维数。

其他用来代替逻辑回归和支持向量机的技术还包括判别分析、决策分类以及分类树。

从软件工程的实证研究中得出一般性结论是困难的,因为任何过程都高度依赖于潜在的大量相关的上下文变量假设。因此,研究小组并不假定任何一项研究的结果将会超出其实施的特定环境,尽管研究人员在理论上可以理解为在不同情况下出现相似结果时需要更加依赖于理论分析。

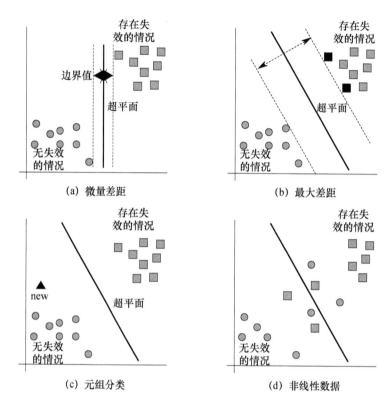

图 9-1 支持向量机概览

注意:讨论参见文字部分

鉴于软件是可靠性的一个非常重要的方面,而且在开发早期预测软件可靠性是一个严峻的挑战,研究小组建议 DoD 应做出重大努力,保持与工业界的同步努力,以得到对生产有用的预测模型。

9.4 测 试

人们普遍认为,将软件失效与硬件失效相结合以评估给定测试中的系统性能是合适的。但是在本节中,研究小组将重点放在开发测试中早期的非系统级测试,它类似于硬件的元件级测试。值得关注的是,如果在开发测试的早期阶段进行不充分的软件测试,那么解决在开发测试或运行测试的后期阶段发现的软件问题将会花费更高的成本[1]。

---

[1] 对于软件系统,专家组是指任何只有软件的系统,包括信息技术系统和主要的自动化信息系统。

正如美国国家研究理事会(National Research Council,2006)所讨论的那样,为了充分测试软件,应考虑到作为可能输入函数激活的语句序列的组合复杂性,人们有义务使用某种形式的自动化测试,使用研究文献中提出的各种覆盖指标之一评估代码的覆盖率。这对于发现软件缺陷以及评估软件元件或子系统的可靠性是必要的。然而,鉴于目前在政府开发测试中缺乏软件工程专业知识,除了对整个系统进行测试之外,可以有效执行的测试是有限的。因此,研究小组建议开发人员对软件元件和子系统进行主要测试,并仔细记录并向DoD报告,承包商提供的软件可用于运行元件或子系统的自动化测试(见第10章中的建议14)。

如果DoD获得进行自动化测试的能力,那么基于模型的技术,包括由Poore开发的技术(参见例如Whittaker和Poore,1993),利用基于用户输入的数据可以提供相应有用的统计结果,其中包括软件的可靠性和运行测试的准备情况(详情见国家研究理事会,2006)。

最后,如果承包商代码也与国防部共享,那么国防部可以通过使用失效注入(播种)技术来验证一些承包商的结果(见上面的专栏9-1)。然而,软件系统的运行测试可能引发一个被称为失效屏蔽的问题,即失效的发生阻止了软件系统继续运行,从而错过了以先前代码正常工作为条件的失效。因此,在这种情况下,失效播种可能无法提供无偏估计。失效播种的使用也可能以其他方式存在偏差,从而导致估计问题,但是该技术存在各种概括和扩展可以解决各种问题。它们包括显式识别顺序约束和失效屏蔽,为每个子程序提供程序的贝叶斯结构,以及分割系统运行等。

9.5 监 控

在商业最佳实践中发现的最重要的原则之一,就是通过趋势图显示收集到的数据来跟踪系统开发进度。根据这些思路,Selby(2009)展示了在大型软件系统中使用分析仪表板。分析仪表板提供了易于理解的信息,它可以帮助许多用户,包括一线软件开发人员、软件管理人员和项目经理理解系统的进度。这些仪表板可以满足各种要求,如图9-2所示。图中显示了一些指标,例如交付后缺陷的趋势,可以帮助评估系统的整体稳定性。

Selby(2009)指出,组织应该确定在满足软件需求方面取得成功的数据趋势,以便随着时间的推移,可以开展统计测试,从而有效地区分成功和失效的开发计划。分析仪表板还可以提供特定于上下文的帮助,此外向下钻取以提供更多详细信息的功能也很有用:请参见图9-3中的示例。

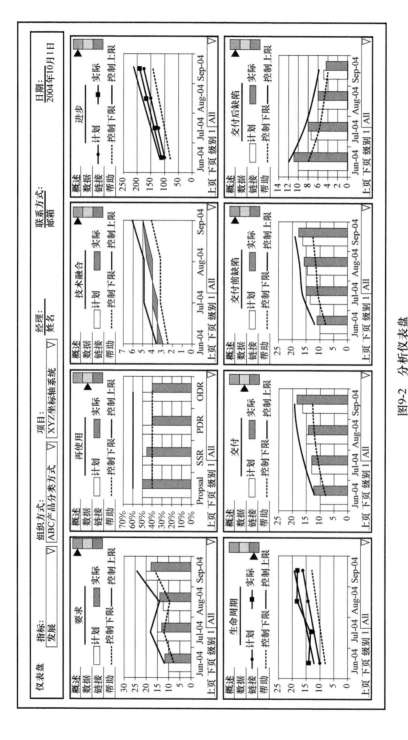

图9-2 分析仪表盘

来源：Selby(2009,第42页),已获得转载许可

第 9 章
软件可靠性提升

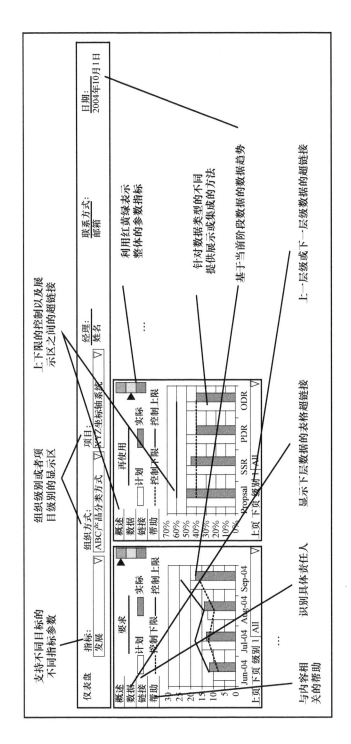

图9-3 具体分析仪表盘实例
来源:Selby(2009),已获得转载许可

第 10 章　结论与建议

构建一个可靠的防务系统的依据是从程序设计开始,到交付原型,再到系统实施这整个系统开发过程中使用适当的工程技术。首先,该技术必须是可实现且可测量、可测试的,此外,考虑到生命周期成本,它们还需要具有一定的成本效益。

一旦确定了合理的要求,可靠的防务系统的发展取决于在设计阶段是否有足够的预算和时间来建立可靠性,然后通过侧重于可靠性的测试来完善设计。鉴于此,研究小组提出了几个建议,以确保分配足够的设计和测试资源支持可靠的防务系统的开发。研究小组还就监督承包商和分包商的工作、接受承包商的原型、开发测试、可靠性提升模型以及在系统开发过程中收集和分析数据等方面的信息共享和其他因素提出了建议。

本章按时间顺序介绍了研究小组对 DoD 的分析和建议,这些分析和建议涵盖了采集过程的许多步骤和方面:替代方案分析,需求建议书,可靠性演示计划纲要,提高可靠性的优先级,可靠性设计,可靠性提升测试,设计变更,运营环境信息,采购合同,交付原型开发测试,开发测试,中期可靠性目标。

研究小组注意到,在他们的一些建议中,指定了负责采办、技术和后勤的国防部副部长(USD AT&L)作为执行代理人。这一称谓反映了研究小组对美国国防部采购程序和规定以及 USD AT&L 权威流程的理解,该流程首先需要通过网络与信息集成的助理国防部长(ASD NII)和作战测试与评价局(DOT&E)的同意,然后通过每个服务机构的采购部门和项目执行官员向项目管理人员汇报[①]。

[①] DoD 5000.02 规定,所有项目的项目经理应制定一个可行的可靠性,可用性和可维护性战略,其中包括可靠性提升项目。专家组的建议如果得到实施,将会扩大现有的要求,影响计划管理者和测试机构的工作和权力,但监管变化是 USD(AT&L)、ASD(NII)和 DOT&E 的责任。

研究小组还注意到,他们的一些建议与现有的采购程序和规定有部分重复:他们的目标是强调它们的重要性,并鼓励加强实施的认真态度。

10.1 替代方案分析

当国防部确定需要物资来解决现有的军事需求时,就开始了国防采购过程。其结果可能是要求开发新的防务系统或修改现有的防务系统。在"替代方案分析"中对解决这一需求的不同建议进行了比较。本"替代方案分析"包含拟议系统打算执行的任务以及拟议系统运行的条件。目前,替代方案的分析不一定包括系统可靠性对生命周期成本的可能影响(虽然许多这样的分析包括了这一观点)。显然,这些成本在决定系统是否继续运行时需要被考虑。

在决定进行替代方案之后,可靠性需求首先需要在 RAM – C(可靠性、可用性、可维护性和成本)文件中被引入和证明,该文件列出了预期系统的可靠性需求,并包含可靠性模型的开始阶段设计,即证明可靠性需求在技术上是可行的。

如果决定开发一个新的防务系统,则可以使用基于替代方案分析和 RAM – C 文件的需求建议书(RFP)来征求业内可能的承包商的意见。RFP 描述了系统的能力以便潜在的投标人能充分理解所要求的内容。RFP 指定了系统需要成功执行的预期任务,系统在其生命周期内运行和维护的条件,系统需要满足的要求以及系统可能发生的失效。RFP 还包含 RAM – C 文件中可靠性模型的开始阶段设计,以便承包商可以理解 DoD 是如何断定可靠性需求是可实现的。

RFP 提出的建议,除了其他标准外,还需要对这些建议进行评估,以判断承包商是否有可能建立可靠的系统。因此,RFP 需要明确的设计工具和测试方案,包括拟议的测试时间表,以支持其生产一个可靠的系统。当国防部选择一个最优方案时,采购合同便议定了。这份合同对整个过程至关重要。这样的合同规定了致力于可靠性提升的努力程度,以及承包商和国防部之间的相互作用程度,包括共享测试和一些其他信息,例如告知国防部这个还在发展中的系统能做什么及不能做什么。

在提出建议时,研究小组首先考虑替代方案分析。如上所述,在分析替代品时,目前没有义务考虑拟议系统的可靠性对任务成功与否和生命周期成本的影响。因为这样的考虑可能会影响到是否决定进行新的采购计划,而在每一个替代方案的分析中都应该要求有这些计划。

建议 1:负责采办、技术与后勤部门的国防部副部长应确保所有替代方案的分析都包括评估系统可靠性和任务成功之间的关系以及系统可靠性和生命周期成本之间的关系。

采购过程的下一个阶段是设定可靠性需求。虽然这些要求不一定在RFP阶段共享,但内部(即使在RFP发布之前)也需要这些要求,以便开始对可行性进行论证和评估的过程。RAM-C报告应该通过证明它们对于接下来的任务有一个高成功率来说明该过程是很有必要的,或者证明它们对于限制生命周期成本也是很有必要的来证明可靠性需求是合理的。

此外,RAM-C报告应包括对购置成本的估计和对其不确定性的评估,其中应包括对生命周期成本的估计和对其不确定性的评估,生命周期成本可以表示为系统可靠性的函数。(据了解,生命周期成本是除可靠性以外的许多其他系统特性的函数。)此外,RAM-C报告应该支持可靠性需求在技术上是可行的、可测量的和可测试的这一判断。(如果在客观确定需求的基础之上有一个指标标准,那么需求是可测量的,如果有一个测试可以客观地区分已经达到或未达到要求的系统,那么这个要求是可以测试的。)

DoDI 5000.02 要求

[a]初步可靠性、可用性、可维护性和成本意向(RAM-C)报告支持里程碑A的决定。本书为可靠性需求提供了量化基础,并改进了成本估算和程序计划。这份报告将附在里程碑A的系统工程计划上,并更新以支持开发RFP发布决策点,里程碑B和里程碑C……RAM-C报告记录了发展维持需求的基本原理以及基本假设。了解这些假设及其驱动因素将有助于战斗人员、作战开发人员和项目经理了解在项目早期的决策基础。当要求和基本假设没有明确记录时,项目注定会因后续的错误假设而受到影响。

研究小组了解拟议的新防务系统的可靠性需求在技术上是不可行的,或者没有反映出采购方法的成本效益。此外,可靠性需求有时不是可测量或可测试的。为了解决这些缺陷,国防部应该有义务将RAM-C文件中的技术理由纳入到支持这些主张的理由中去,使得该领域的大多数专家能找到有说服力的说法。鉴于生命周期成本的评估需要大量的专业技术知识,因此确保这种评估是由适当的可靠性工程专家来进行的这一点是十分重要的。此外,关于要求是否是可实现、可测量和可测试的评估也需要对拟议系统有相当多的专业知识。为了确保关于可靠性需求的报告能反映出具有必要专业知识的人员的意见,国防部应该要求外部小组在发出RFP之前审查这些论断背后的论据。对可靠性需求的评估应交给联合需求监督委员会(JROC),或其他适当的类似机构。这一评估还应包括在规定的成本和时间表内获得该系统的可行性评估。根据这份技术报告和外部评估报告,JROC 应该是决定国防部是否应该继续为该系统发布 RFP 的权威机构[①]。

建议 2:在发布 RFP 之前,负责采办、技术与后勤的国防部副部长办公室应发布关于可靠性需求及其相关理由的技术报告。该报告应包括系统可靠性与总采购和生命周期成本之间的估计关系,以及判断提出的新系统的可靠性需求是可行的、可测量的和可测试的技术理由。在 RFP 发布之前,应由具有可靠性工程专业知识的专家组、来自用户社区的成员、来自测试社区以及此次采购服务以外的人员审阅本文档。研究小组认识到在进行任何发展之前,这些评估有些是猜测的,希望随着更多有关系统的确定可以改进评估。参与每次特定采购服务的可靠性工程师应该能够完全访问技术报告,并且在 RFP 完成之前应该被咨询。

10.2 需求建议书

如上所述,建议书的要求应包括可靠性需求及其理由——强调被认为是系统可靠性关键的特定子系统的可靠性目标——通过证明它们是成功执行预定任务的高概率所必需的,或者证明它们对于限制生命周期成本也是很有必要的来证明可靠性需求是合理的[②]。研究小组也承认,在进行任何系统开发之前,系统可靠性评估和系统可靠性水平与生命周期成本之间的联系充其量只是一种猜测。但是,缺少可行性的评估,需求可能只是乐观的幻想。如果不把需求与可靠性驱动的生命周期成本联系起来,就难以合理地做出决定,例如,适度降低系统成本,办法是适当降低系统可靠性,并因此产生了一个由于生命周期成本增加而使成本大大增加的系统。

在 RAM-C 文件的基础上,RFP 应包括对购置成本的估计和对其不确定性的评估,其中应包括对生命周期成本的估计和对其不确定性的评估,寿命周期成本可以表示为系统可靠性的函数。RFP 需要通过被认为对系统可靠性有重大贡献的特定子系统的估计水平来支持可靠性需求在技术上可行的这一说法,这些子系统要么出现在现有系统中,要么出现在可用的估计中,且可靠性需求是可测

---

① 在成立这些专家委员会时,重要的是,要求有关干事要么是一名成员,要么被要求能就可靠性需求的发展提出任何有实质性建议的工作。

② 有时候,系统需求最初乐观地表示从而能够为系统提供早期支持。由于许多原因,这显然是会产生相反效果的,专家组建议在 RFP 中提供充分的技术理由可能有助于消除这种影响。

量和可测试的。

显然,随着系统可靠性的变化,作为系统可靠性函数的寿命周期成本估值和可行性分析很可能会随着承包商开发活动的进行被修改。但是,RFP 中对这些数据的初步量化分析和评估将有助于表明对这些考虑的高度重视。随着系统设计的成熟,这种分析和评估将会得到改善。作为这一改进的开始,承包商针对 RFP 提出的部分建议应该是其对政府最初可靠性判断的审查,以及与这些判断相符或相异的程度和由此产生的后果对承包商设计、建造和测试系统的建议的影响。

在涉及新技术的情况下,美国国防部可能会在准备需求报告的过程中,发出一个请求信息,让业内知识渊博的人员参与进来。如果系统中可能需要新的或正在开发的技术,则需要考虑演化采集的过程[1]。在这种情况下,需要对每个采集螺旋期间系统必要的、可实现的、可测量的和可测试的可靠性需求进行规定和说明。

即使对技术可行性进行评估时尽职尽责,也可能在开发过程中发现可靠性需求在技术上是不可行的。通过早期测试收集关于元件可靠性和系统设计其他方面的新信息,这种可能性会变得更清晰。同样,关于是否应提升系统可靠性,使之超出任务取得成功所必需的范围,以减少生命周期成本的论点,可能需要在改进维修和更换元件的成本估算的基础上重新审议。

如果可靠性需求在技术上不可行,则可能对预期的任务、生命周期成本和系统的其他方面产生广泛的影响。因此,在承包商提出修改可靠性需求的请求时,还需要在适当专家的参与下,认真审查和发布替代方案分析的简要版本和上述关于可靠性需求的报告。除了更新替代品的分析之外,如有必要,RAM – C 和相关后续文件也需要更新,以确定和显示可靠性变化所带来的影响。

建议 3:对一个程序的可靠性需求提出的任何修改都应以不低于采购服务部门当前的水平来批准。这种批准应考虑任何可靠性变化对完成任务的可能性以及生命周期成本的影响。

国防部需求生成过程建立的一个或多个可靠性需求与采购合同中规定的可靠性需求不同的情况并不罕见。这可能是由于实验室设置的平均失效间隔时间和运行设置的平均失效间隔时间之间的差异所致,也可能是因为国防部和承包商之间的谈判所导致的。首先,这些差异是由于不同的测试策略所导致的。为

---

[1] 有关这一过程的说明,请参阅国防部指令 5000.02,"国防采办系统的运行",网址为 http://www.dtic.mil/whs/directives/corres/pdf/500002_interim.pdf[2013 年 12 月]。

了解决这个问题,研究小组建议国防部把 RFP 中最初可靠性需求的发展历史以及最初要求的发展过程,甚至是在初始部署和后续使用中的发展过程全部归档起来。

10.3　可靠性演示计划纲要

　　了解用于评估系统开发的测试设计将十分有助于缓解开发人员理解任务和系统预期将面临的压力。考虑到尽早向开发人员传达这些信息的重要性,RFP 应该提供一个在可靠性演示或发展计划纲要里更详细的内容的早期概述。在可靠性方面,测试和评估总体规划(TEMP)提供了政府测试期间将要进行的各种测试事件和时间表的样板、时间和其他特征的类型和数量。在可靠性评估方面,TEMP 提供了测试中使用的所有加速度的信息,测试产生的相关评估结果以及总体上如何以统计的方式跟踪任何一个防务系统的可靠性。因此,TEMP 提供了各种开发和操作测试的描述,这些测试将用于识别系统设计中的缺陷,并用于评估系统性能的测试。TEMP 还描述了系统失效,并指定了在测试事件和设计评审中对可靠性的评分方式。

　　在建议的新防务采购中,在 RFP 中设置 TEMP 还为时过早。然而,对于支持可靠性提升和评估可靠性性能所做的测试中有一些想法对于系统设计的决策是非常有用的。因此,研究小组呼吁国防部制作一份新的文件,他们称之为可靠性演示计划纲要,将其作为 TEMP 的可靠性概述被包含在 RFP 中,并为国防部计划评估系统性能——目前来看,可以为评估可靠性提升提供尽可能多的信息。纲要应规定测试的范围(例如,总小时数、复制次数)、测试条件和使用的指标。纲要还应包括在各个发展阶段预期的可靠性提升模式[①]。

　　可以作为中期目标的初步可靠性水平将在相对早期得到,因为有一些经验证据表明,对于不同类型的系统,可靠性提升的程度可以通过一定长度的固定测试周期的分析得到(见第 6 章)。可靠性演示计划纲要还应该指出如何将这种比较作为决定将系统推广到后续发展阶段的一个指标——一个特定的阈值需要包括一个缓冲区来反映这些测试的样本量,从而将生产者的风险保持在较低的水平。

　　正如上面建议的关于可靠性需求的技术报告一样,由于可靠性演示计划纲要也有大量的技术内容,所以在提交 RFP 之前,应由专家组进行审查。该专家

---

① 国防部也可能希望在可靠性演示计划纲要中列入对系统性能进行全面评估的早期计划。

组应包括可靠性工程师和系统用户、测试社区成员以及负责系统采购服务以外的成员。这个专家小组应该提交一份报告,审查可靠性演示计划大纲是否充分,并且应该包括对于系统是否可能在规定的成本和时间安排内获得的评估。根据可靠性需求的技术报告和可靠性演示计划纲要,JROC将决定国防部是否会继续为该系统发布RFP。

RFP目前包含一个系统工程计划,该计划列出了具有技术内容、技术人员和技术管理的所有系统需求在方案中执行的方法,其涉及政府和所有承包商的技术工作。因此,研究小组主张将系统工程计划纳入到RFP可靠性测试和评估的附加材料之中。

建议4： 在发出需求建议书的要求之前,负责采办、技术与后勤的副国防部长应该要求制定一个可靠性演示计划纲要,其中包括该部门将如何测试一个系统来支持和评估系统的可靠性提升。这些测试的描述应包括用于确定复制次数和相关测试条件以及如何定义失效的技术基础。可靠性演示计划纲要还应该提供技术基础,以便在考虑到政府测试事件的数量可能只占开发和运行测试的一部分的情况下,测试和评估如何以统计的方式跟踪当前防务系统开发阶段的可靠性。在纳入采购计划的需求建议书之前,应由外部专家小组审查可靠性演示计划纲要。参与有关采购服务的可靠性工程师也应充分获得可靠性演示计划,并应在最终确定之前征求其意见。

RFP目前是基于一份包含开发者可靠性规范和国防部义务的工作说明。研究小组注意到陆军装备系统分析活动(AMSAA)已经发布了关于硬件和软件系统的可靠性规范语言和合同语言的文件,其可以作为实施上述研究小组建议的一份指南。

10.4　提高可靠性的优先级

提升国防部系统可靠性的一个关键要素是在整个采购过程中及早认识到可靠性的重要性。国防科学委员会(2008)早期的一份报告强调了这一点。研究小组的许多建议都与该报告中的建议一致(参见第1章)。为了强调这些问题的重要性,研究小组提出了在采购过程中提高可靠性优先级的建议。

目前,可用性是强制适用的关键性能参数,可靠性是从属关键系统属性。有证据表明,当可靠性达不到要求时,一些防务采购人员认为这个问题可以通过更多的维修或加快获得备件的速度来解决。此外,似乎有一种观点认为,只要可用性关键性能参数得到满足,DOT&E很可能认为系统是合适的。然而,DOT&E会持续发现系统不适合,因为其可靠性较差(参见第1章)。这种持续的不足再一次证明了提高关键性能参数状态,即可靠性的论断是正确的。

建议5:负责采办、技术与后勤的国防部副部长应该确保可靠性是一个关键的性能指标:即,在国防采办项目中,可靠性应是一项强制性合同要求。

10.5 可靠性设计和可靠性测试

正如本书中所讨论的那样,在开发项目中实现可靠性需求主要有两种方式:可靠性可以通过使用固定测试周期的测试分析过程来"提升",最初的设计可以以系统的可靠性为目标。国防科学委员会的报告(2008)认为,由于未能在设计中给予适当的优先权以达到可靠性需求(参见第1章),所以没有任何测试能够弥补系统设计的缺陷。研究小组支持并强调了这个结论。

对承包商来说,描述他们将要使用的可靠性管理流程是非常重要的。这些过程应该包括建立一个授权的可靠性审查委员会或者建立一个从设计到部署到运行到追踪全程参与的可靠性团队,其工作包括设计变更,观察到的失效模式以及失效和纠正措施分析。

同样,可靠性改进工作组(美国国防部,2008c)的报告包含了采购合同中强制要求的可靠性活动的详细建议(见附录C)。该报告包括要求承包商为系统开发一个详细的可靠性模型,该模型可以产生从系统级到下一级的可靠性分配,并根据元件和子系统的估计来汇总估计系统级可靠性。只要识别出新的失效模式,就会更新可靠性模型,对失效定义进行更新或修订,或修改负载估算,并在整个系统生命周期中进行设计和制造变更。报告要求进一步分析所有的失效,无论是在测试中还是在现场中,直到产生失效的根本原因被确定。此外,该报告还详细说明了承包商如何使用系统可靠性模型,以及如何结合专家判断对系统进行所有评估和决策。

与可靠性改进工作组的报告以及 ANSI/GEIA-STD-0009 一致,研究小组强烈同意建议应该提供证据来证明建议使用的可靠性设计工具和所概述的测试方案是一致的,且满足开发时间的可靠性需求。作为这种证据的一部分,应该要求承包商开发系统可靠性模型,并与国防部分享,详细说明系统可靠性与子系统和元件的相关性。建议还应该承认,开发人员将在开发过程中多次向国防部提供技术评估,以跟踪系统的可靠性提升是否与满足部署的可靠性需求一致。

研究小组承认,对于开发人员来说,提供这些信息是一个挑战,对国防部来说,在开始任何实际的开发工作之前要对系统进行评估也是一个挑战。但是这可以不用大幅度增加开发费用或延长时间,仔细的分析就可以确定拟议系统和开发计划是否可能达到可靠性需求。为了对系统设计的初始可靠性进行合理的估计,可以从以前的系统和工程论证中使用的元件和子系统的可靠性开始,然后使用可靠性框图、故障树分析以及物理失效方法建模。然后,给出这个初始的可靠性、测试计划以及最近在开发过程中相关系统所展示的改进,可以粗略地确定可靠性目标是否可行。

建议6:负责采办、技术与后勤的国防部副部长应该要求所有提案都具体说明承包商在设计硬件和软件系统时将使用的可靠性设计技术。提案预算应该包含设计可靠性技术成本、可靠性工程方法的相关应用以及进度遵守情况。

建议7:负责采办、技术与后勤的国防部副部长应该要求所有提案都包括系统可靠性和测试的初步计划(包括将用于合同核查的失效定义和评分标准)以及对其可靠性组织和报告结构的描述。一旦合同获得批准,在主要的设计评审下,计划应定期更新,在元件、子系统和系统级别建立包含承包商所知硬件和软件可靠性的最新评估的动态文档。美国国防部应该有机会了解这项计划、其最新情况以及与之相关的所有数据和分析,因为它们的发展是不可或缺的。

建议7要求的可靠性计划将从国防部的可靠性案例开始(见建议1)。鉴于承包商在答复RFP的建议中提出了一个初步论点,即系统可靠性在技术上是可行的,承包商应能够提供一个更加完善的模型,以支持以下说法:可靠性需求在采购方案的预算和时间限制范围内是可以实现的。与国防部提供的论点一样,这应该包括元件和主要子系统的可靠性以及可靠性框图或故障树图,以连接估计的子系统可靠性,从而产生对全系统可靠性的估计。

10.6 电子元件可靠性评估

确定新电子元件的可靠性是防务系统中的一个长期问题。附录D对以MILHDBK-217作为新开发的电子元件预测可靠性的方法提出了批评。MIL-HDBK-217的基本问题是它没有确定电子元件失效的根本原因、失效模式以及失效机制。MIL-HDBK-217提供了基于简单的启发式和回归拟合的可靠性数据方法来预测选择元件的数量,而不是基于工程设计原则和物理失效分析。这种预测方法,具有以下限制:①假定恒定失效率是错误的,因为电子元件具有瞬时失效率,容易受到各种磨损的影响(由于多种不同类型的压力和环境条件),并可导致系统在早期失效;②由于没有考虑失效的根本原因、失效模式和失效机制,因此无法考虑载荷和环境历史、材料和几何形状等因素来进行预测;③采用的方法侧重于元件级可靠性预测,因此没有考虑制造、设计、系统需求和接口等参数的影响;④这种方法无法以自然的方式考虑环境和负载条件。相反,它们是通过使用各种调整因素来考虑的;⑤对拟合可靠性数据的关注使得不可能提供对最新技术和元件的预测。这些限制以不同的方式结合在一起,导致 MIL – HDBK – 217 不能准确预测电子元件的可靠性,正如包括防务系统在内的一系列细致研究所表明的那样。可能最令人不安的是,MILHDBK – 217 的使用导致拟议防务系统的预期可靠性在开发中的排名不佳。

为了进一步支持这种说法,研究小组引述以下文章,它们强烈支持有必要消除 MIL – HDBK – 217,而采用物理失效方法:

(1)……似乎 Arrhenius 模型的这种应用并不是从物理失效原理中严格推导出来的。另外,目前的物理失效研究表明,微电子器件的温度和失效率之间的关系比以往的认识更加复杂,需要明确考虑温度变化、温度变化率和空间温度梯度的设计。并且,对加速度建模理论的回顾表明,当模拟温度对微电子器件的可靠性造成影响时,每个失效机制应该分别处理,这也与 MIL – HDBK – 217 中使用的方法不一致(Cushing,1993)。

(2)传统上,大量军用和商用电子设备的可靠性评估都是在不知道失效的根本原因以及对其有明显影响的参数的情况下开发的。这些评估使用了来自美国 MIL – HDBK – 217 及其后续文件的查找表,以查找主要基于现场数据的曲线拟合的元件失效率。然而,这些简化可靠性评估过程的尝试忽视了电子产品失效的真正机制以及它们的寿命和加速度模型,这些都导致了设计团队得到的结论没有多少指导意义,并且可能在实际上损害了终端产品的可靠性和成本。过于简单的可靠性查找表方法需要许多无效的假设。其中一个假设是电子元器件表现出不变的失效率。在许多情况下,这种不变的失效率假设可能会在从产品设计到物流的所有决策中引入大量的错误。如果失效率是基于过去的现场数据的,其中通常包括由于制造缺陷造成的老化失效和(或)磨损失效,则恒定失效率假设可能是最有害的,因为这些失效率是由构件固有的失效率决定的。为了改进目前的可靠性评估过程,需要过渡到以科学为基础的方法,以确定元件风险率如何随时间而变化。对于许多应用,恒定失效率的概念应该由基于失效机制根本原因的复合瞬时危险率来代替。关于失效的根本原因已经进行了大量的研究,许多失效机制都很好理解(Mortin 等,1995)。

(3)传统上,电子产品的可靠性评估是基于经验失效率模型(例如,MIL – HDBK – 217),其主要根据现场失效数据的曲线拟合而开发。这些现场失效数据在确定给定现场环境中的失效数量和实际的失效原因方面受到限制。通常即使30%～70%的元件重新测试显示正常,元件仍会被错误地认为是问题的原因。在 MILHDBK-217 中,没有收集和处理关键的失效细节,例如①失效点;②失效机制;③载荷/环境历史;④材料;⑤几何形状。这会导致两个后果:①MIL-HDBK-217 设备失效率预测方法没有使设计人员或制造商了解或控制影响可靠性的实际原因或失效,因为他们没有掌握影响可靠性的因果关系。然而,通常使用失效率作为逆向工程工具来达到可靠性目标。②MIL-HDBK-217 没有涉及对可靠性有重大影响的设计和使用参数,导致无法使用这些关键参数来定制 MIL-HDBK-217 并进行预测。物理失效方法的一个主要特点是,用于电子设备详细设计的可靠性建模是以根本原因失效过程或机制为基础的。当可靠性建模基于失效机制时,对电子硬件失效的根本原因的理解是可行的。这是因为失效机制模型明确地处理了已经发现对硬件可靠性有强烈影响的设计参数,包括材料特性、缺陷以及电气、化学、热和机械应力。目标是在特定的应用程序中使建模尽可能简单,而不会失去对于促进纠正措施有用的因果关系。对物理失效机制的研究受到学术界同行的评审,并在公开文献中发表。失效机制这一观点已经通过了多个研究人员的实验和复制来验证。工业界现在认识到,对潜在的失效机制的理解会导致成本效益的降低,因此需要采用可靠性建模和评估的方法,使用失效机制的知识来鼓励稳健的设计和制造实践(Cushing 等,1993)。

对零件的自然关注必然会限制在子系统和系统层面上考虑问题的详尽程度——甚至对物理失效方法的重视也是如此。因此,应该在哪里进行详细的分析需要进行判断。但是,如果某个部分/元件/系统被确定为"高优先级",那么应该寻求解决这个问题的最佳可用工具。MIL-HDBK-217 在这方面存在不足。物理失效方法往往有更好的表现,但它确实需要事先了解失效机制——或者这种失效机制的发展。另外,MIL-HDBK-217 没有提供关于微电子失效机制足够的设计指导和信息,而且在大多数情况下,它不包括软件失效率、集成度、制造缺陷等。

由于 MIL-HDBK-217 的局限性,研究小组要强调现代可靠性设计技术的重要性,特别是基于物理失效的方法,以支持系统设计和可靠性评估。研究小组希望排除任何版本的 MIL-HDBK-217 的进一步使用。此外,研究小组意识到电子元件在这方面没有特别之处,因此他们建议使用这些技术来帮助设计和评估所有子系统中所有元件在系统开发早期的可靠性。尤其是应该利用物理失效学来识别潜在的磨损失效模式和缓解措施,以提高其长期的可靠性。

建议 8:军事系统开发人员应该使用现代可靠性设计(DFR)技术,尤其是基于物理失效(PoF)的方法来支持系统设计和可靠性评估。MIL-HDBK-217 及其后续文件有严重的缺陷;相反,在审查提案和可靠性计划文件时,国防部应该强调 DFR 和 PoF 的实施。

研究小组知道,从 MIL – HDBK – 217 到基于物理失效模型的新方法的转换不可能在一夜之间完成,需要开发指导、培训和特定工具来支持这一变化。但是,这种转换可以立即开始,因为这种方法在许多商业应用中已经得到了充分的发展。

10.7 软件开发的监督

如果系统是软件密集型的,或者如果一个或多个主要子系统是软件密集型的,则应该要求承包商提供关于选择软件体系结构的原因和代码开发中使用的管理计划的信息(例如使用敏捷开发)来生成一个合理无缺陷的测试初始代码。鉴于国防采购部门目前缺乏软件工程方面的专业知识、体系结构、管理计划和其他规范,因此需要由国防部任命的外部专家小组来进行审查,其中包括用户、测试人员、软件工程师和获取系统服务的外部人员。这个专家组还应该审查软件系统的设计、估计其可靠性以及判断这些估计的不确定性。该专家小组应该向 JROC 报告,JROC 应该使用这些信息来批准采购合同。

通过测试分析和维修方法的软件可靠性提升还可以使用各种指标进行评估,包括构建成功率、代码依赖性指标、代码复杂性指标、代码变更和代码稳定性评估以及代码速度。为了协助国防部监督开发可靠软件的进展情况,承包商应该开发一个数据库,以便持续记录这些指标一致认可的子集。此外,承包商应该保存所有失效类别的共享记录,以及如何修复代码以应对每个发现的失效。

建议 9:对于软件密集型的系统和子系统的采购,负责采办、技术与后勤的国防部副部长应确保所有提议都规定了软件开发的管理计划,并规定,承包商应在开发的早期阶段和整个开发过程中,向美国国防部提供充分的软件架构、所跟踪的软件指标以及系统开发的所有时间管理的存档记录。

10.8 可靠性提升模型

可靠性提升模型是一种统计模型,其可以将测试时间和其他可能的输入与系统在开发过程中的可靠性提升联系起来。由于可靠性提升模型往往不能代表测试过程中所使用的环境,这是因为测试时间往往不能完全预测系统开发过程中可靠性的增长,而且外推法对这些模型的假设提出了严格的要求,因此在用于预测达到所需可靠性的时间或预测今后某个时间所达到的可靠性时,应先对这些模型进行验证。一个例外就是在系统开发早期使用可靠性提升模型,以帮助确定开发测试程序的范围、大小和设计[①]。

建议10:应仔细评估可靠性提升模型应用假设的有效性。在这样的有效性仍然存在问题的情况下:①重要的决定应该考虑结果对替代模型公式的敏感性;②不应该将可靠性提升模型用于未来的实质性预测。一个例外是在系统开发早期,当可靠性提升模型结合相关的历史数据,可以调用它来帮助确定开发测试程序的规模和设计。

当使用可靠性提升模型来确定开发测试程序的范围时,没有直接的相关数据可以用来验证建模假设。然而,对相似类别的系统所经历的历史可靠性提升模式可以进行审查。这应使拟议的可靠性提升轨迹的可行性得到评估。如果最初设想的可靠性提升计划变得乐观,国防部也应该支持并分配足够的预算储备。

10.9 可靠性提升测试

可以肯定地说,许多防务系统未能达到其可靠性需求的一个原因是,在系统进入运行测试时,有太多的缺陷还没有被发现。考虑到在开发测试和运行测试中发现可靠性缺陷的局限性,在部署之前寻找可靠性问题的大多数努力都需要由承包商来承担。虽然在设计阶段可以做大量的工作,使用设计相关性技术,但还需要通过测试和维修发现的可靠性问题来提升可靠性,而且通过测试的大部分可靠性提升必须通过承包商的测试来实现。因此,国防部应该监测采购计划中编入预算的测试,并监测由此产生的对系统可靠性需求的进展情况。

由于承包商通过早期开发掌握了关于子系统和整个系统可靠性的唯一直接测试信息,因此授予国防部对这些信息的访问权限可以帮助国防部监视系统开发的进展情况以及系统满足或不可能满足可靠性需求的程度。此外,这种访问可以使国防部选择用于开发测试和运行测试的测试设计,以验证设计的错误已被消除,从而能够对未经测试的元件和子系统进行更彻底的测试。

---

① 涉及硬件和软件系统及子系统的可靠性和可靠性测试设计计划的建议7,9和10有时被称为"可靠性案例":详情请参见Jones等(2004)。

因此,在计划阶段,必须向国防部提供关于可靠性测试设计的信息,以审查这类计划是否足以支持必要程度的可靠性提升,并了解开发期间的可靠性测试结果,以便能够监测在达到要求过程中的进展情况。关于可靠性测试设计的信息应包括测试设计和此类测试的设想说明,以及整个系统和所有子系统元件的最终测试数据,以及用于评估可靠性的任何建模和仿真软件的代码和结果。这些信息应涵盖所有类型的硬件测试,包括在与操作相关的条件下进行测试,以及使用加速或高度加速的任何方法进行测试[①]。承包商还应该向国防部提供关于所有类型软件测试的信息,包括代码评审、自动化测试、失效播种、安全测试和单元测试覆盖率的结果。

为了确保向国防部提供这一信息,需要书面签订采购合同,以便承包商授权进行这种访问,此外需要提出建议说明承包商同意分享这一信息。这种信息共享至少应该在整个系统开发的所有设计评审中进行。这种信息共享将使国防部能够在系统原型交付时对系统可靠性进行评估,这将有助于国防部更好地决定是否接受原型交付。

建议 11:负责采办、技术与后勤的国防部副部长应对所有的建议都要求承包商指定一个初始的可靠性提升计划和一个支持该计划的测试计划大纲,同时认识到这两种构造都是初步的,将通过开发不断进行修改。所需的计划将至少包括以下方面的信息:每个测试是对元件、子系统或整个系统的测试,预定日期,测试设计,测试情景条件,以及每个场景中的复制次数。如果测试是加速测试,则需要描述加速因子。应要求承包商的预算和主计划包含指定测试计划的成本和时间的项目。

建议 12:负责采办、技术与后勤的国防部副部长应责成承包商将所进行的可靠性测试以及与可靠性有关的其他分析(例如建模和仿真)的所有数据存档并送交美国国防部,包括有关的业务测试机构。这些数据应当是全面的,并包括来自所有相关评估的数据,生产过程中任何时候元件失效质量测试的频率、筛选的缺陷频率、功能测试的缺陷频率,以及失效的根本原因分析(例如失效实例的频率、没有错误发现、重测是否可行)。它还应该包括所有失效报告、失效发生的次数和失效解决的次数。采购合同的预算应包括一个专门的项目,使国防部能够充分查阅这类数据和进行其他分析。

---

① 有关应提供给国防部的信息的进一步细节,请参阅国家研究委员会(2004)。

10.10 加速测试

与研究小组使用可靠性提升模型进行外推类似,与加速测试结合使用的模型将极端使用与正常使用联系起来也使用外推法,因此需要对此用途进行验证。这种测试的设计可能很复杂,因此正式的审查也会是大有裨益的。如果加速测试推理的重要性大于外部重要性,例如,如果应用于主要子系统或系统级,且由有限的系统测试提供的证据不足,并且结果对于决策制定至关重要,那么这种验证和正式评审在系统推广上就特别重要。

建议13:负责采办、技术与后勤的国防部长办公室或适当情况下的相关服务方案执行办公室应聘请独立的外部专家小组来审查①拟议的开发测试计划设计是否严重依赖加速寿命测试或加速退化测试;②这种测试的结果和解释。当加速测试推断的重要性大于外部重要性时,例如,如果应用于主要子系统或系统级,且由有限的系统测试提供的证据不足,而且结果是决定系统升级的核心时,则应该进行这种评估。

软件系统对国防采办提出了特殊的挑战。由于美国国防部目前缺乏软件工程师,复杂的软件子系统和系统不太可能在政府的开发或运行测试中得到全面测试。因此,直到承包商提供足够的信息来评估其可供使用之后,才能接受承包商交付这种系统。为了提供一些独立的测试,承包商应向国防部提供完全文档化的软件,以便在整个系统是软件系统时,对其所有软件密集型子系统和整个系统进行自动化软件测试。这些文档将使国防部能够对软件进行多次测试,测试的数量级为以前在开发或运行测试中可能进行的复制数量级。

建议14:对于所有的软件系统和子系统,负责采办、技术与后勤的国防部副部长应要求承包商向美国国防部提供自动软件测试能力,使国防部能够自行对软件系统进行自动化测试。

10.11 设计变更

在系统开发过程中,设计的变更会对系统的可靠性产生重大影响。因此,应要求开发者说明重大系统设计的变化,以及针对这种变化应该如何修改可靠性测试计划。有关这些活动的资金分配的任何变化都应该告知到国防部。这些信息将有助于支持国防部更高效地监督可靠性设计和可靠性测试计划。

建议15:负责采办、技术与后勤的国防部副部长应该就系统设计的任何重大变化对现有可靠性设计计划和可靠性测试计划的影响进行评估。还应该向美国国防部提供任何有关此类活动资金分配变化的建议。

10.12 运行环境信息

主承包商和分包商之间沟通不足可能成为建立可靠的防务体系的困难之源。特别是,分包商需要注意他们供应的元件所面临的应力、应变、负荷和其他退化源。因此,采购合同需要包括承包商的计划,以确保元件和子系统的可靠性,尤其是那些由分包商和商业成品系统生产的元件。对于现成的系统,应评估在不同于其预期环境的运行环境中使用系统的相关风险。为此,政府必须将运营环境传达给承包商,而承包商则必须将这些信息传达给任何分包商。

建议16:负责采办、技术与后勤的国防部副部长应责成承包商向其分包商说明元件需要承受的预期环境负荷条件的范围。

建议17:负责采办、技术与后勤的国防部副部长应确保在所有购置预算中都有一个专门的项目,以监督分包商遵守可靠性需求的情况,并确保所有提案中都包括这种监督计划。

10.13 采购合同

上述建议将要求承包商在需求建议书中为可靠性和可靠性测试活动列出其预期设计。在授予购置合同时,承包商的努力程度应当是一个影响因素。此外,为了确保可靠性的总体努力水平足够,承包商应向国防部提供这些活动的预算,而且即使在出现意外问题的情况下,这些预算也应得到保护。

建议18:负责采办、技术与后勤的国防部副部长应该要求采购合同的建议包括为可靠性设计活动和承包商测试提供适当资金以支持可靠性提升。应该明确的是,合同的授予将包括对这些资金分配的考虑。授予合同后对这种分配的任何更改应考虑对任务成功的可能性和生命周期成本的影响,并且至少需要获得采购服务元件当局的批准。

10.14 交付原型的开发测试

研究小组在整个报告中都认为,目前实践中的开发测试,特别是运行测试在发现防务系统原型的可靠性问题方面的能力是有限的。研究小组建议了应该如何使政府测试更有效地识别可靠性问题,例如将现实运行方面的内容添加到开发测试中。此外,针对那些在开发中存在问题的元件进行开发测试,可以提高开发测试的效率。而且,对于软件来说,通过从承包商处获取软件测试功能,国防部可以扮演独立软件测试人员的角色。

然而,即使在执行了这些建议之后,通过测试实现的大多数可靠性提升很可能还是需要通过承包商测试来实现,而不是通过国防部的开发测试或运行测试来实现。此外,尽管由于开发测试和运行测试,可靠性可能会有可观的增长,但其会因为开发测试缺乏可操作性和运行测试的时间短而受到限制,而且由于开发测试/运行测试的差距,可靠性也可能会"下降"(见第 8 章)。虽然这些增加和减少的幅度不能事先确定,但是研究小组可以通过要求原型在交付国防部时达到其可靠性需求来提升所有系统的总体可靠性。

建议 19:负责采办、技术与后勤的国防部副部长应规定,在向美国国防部提供原型进行开发测试之前,承包商必须提供测试数据,以证明系统可靠性是统计上有效的估计,这与实际操作可靠性需求相符。在所有需求建议书中都应说明这样做的必要性。

这一建议不应该排除尽早交付国防部认定的子系统,而系统的其他部分仍然继续进行开发工作,因为承包商和国防部都认为这样做是有益的。

本建议中所要求的对系统可靠性的估计可能需要将开发后期完成的全系统测试的信息与早期完成的元件和子系统级测试的信息结合起来,并且还可以在整个系统、子系统或元件级别上使用系统以前版本的估计信息。这样,承包商将能够证明交付原型的合理性。国防部有时会证明这种评估是高是低,但这一方法将支持今后如何更好地合并这类信息。

10.15 开发测试

在运行测试之前对系统可靠性进行监测是很重要的,因为依靠运行测试揭露可靠性问题可能会导致太多的防务系统在部署时出现系统可靠性不足的情况(见第 7 章)。然而,如何解释开发测试和运行测试之间的条件差异仍然是一个挑战。应对这一挑战的一个可能办法是尽可能更多地利用反映操作条件的非加速开发测试中的测试条件。然后,国防部必须根据开发测试的结果,以某种方式评估系统在运行条件下的可靠性。

日程安排压力、测试设施的可用性和测试限制必然限制承包商在模拟运营使用的情况下始终能够进行测试的能力。因此,在决定进行运行测试之前,国防部对系统运行相关水平的评估是非常重要的。通过在尽可能代表实际使用的环境中使用全系统测试可以很好地完成这一评估。

建议20：在开发测试即将结束时，负责采办、技术与后勤的国防部副部长应该授权使用全系统的、与操作相关的开发测试，在此期间系统的可靠性表现将等于或超过要求的水平。如果这样的表现没有实现，那么就需要给出理由支持系统对运行测试的推广。

10.16 运行测试

运行测试使系统在尽可能接近运行环境的情况下提供可靠性评估。因此，运行测试提供了一个系统是否满足其可靠性需求的最佳指示。在运行测试过程中不能满足可靠性需求是系统的严重缺陷，通常应该是延迟系统升级到全速生产的原因，直到可以对系统设计进行修改以提高系统可靠性以满足要求为止。

建议21：如果不对由此产生的影响进行正式审查，美国国防部就不应该通过一个实地可靠性不足的系统，因为可靠性不足将对任务成功的概率和系统生命周期成本产生极大的影响。

可靠性缺陷可能在部署后继续出现，部分原因是无论运行测试努力达到怎样的程度，它总是与实地部署有所不同。现场操作可以以不可预见的方式对系统施加压力，并揭示在开发或运行测试中不可能发现的失效模式。此外，现场使用的反馈和系统改造可进一步提高给定系统的可靠性，并可在吸取和交流经验教训的情况下提高后续相关系统的可靠性。因此，支持和加强这种反馈循环应该是国防部的一个优先事项。做到这一点的一个方法是连续监测现场系统的可靠性性能。

建议22：负责采办、技术与后勤的国防部副部长应制定采购政策和方案，指导服务部门在所有系统被部署后进行可靠性数据的收集和分析工作，并将这些数据提供给承包商，以支持其闭环失效缓解的过程。应该要求收集和分析这些数据，包括对现场出现的与制造质量控制有关的可靠性问题作出明确和具体的反馈，并指出为应对这种可靠性问题而采取的措施。此外，应要求承包商采用全面的失效报告、分析和纠正措施系统，包括所有失效（无论失效项目是否由另一方，例如分包商或原始设备制造商恢复/维修/更换）。

当承包商更换其分包商或供应商时，可能会出现问题。如果在没有适当监督的情况下这样做，则会导致系统可靠性的大幅下降。因此，应要求承包商记录造成这种变化的原因，并估计由于现场系统的这种变化对任务成功的可能性和生命周期成本的影响。详细说明这些变化的影响的文件应由可靠的外部专家小组和系统专家审查。如果审查发现系统存在可靠性大幅下降的可能性,则USD(AT&L)不应该批准该变更。

建议 23:在系统生产后,元件供应商的变更或制造和装配、贮存、运输和处理、操作、维护和维修等方面的任何重大变更,均不应在未经适当审查和批准的情况下进行。审查应由外部专家小组进行,并应侧重于审查对系统可靠性的影响。审批机关应该是美国国防部确定的项目执行办公室或项目管理人员。任何提议的变更批准应取决于分析这种改变是否会对系统可靠性产生实质性的负面影响,或者明确放弃记录这种改变的合理性。

本书侧重于在运行测试结束之前进行的活动。然而,制造和装配、贮存、运输和处理、操作、维护和维修的方法也会影响系统的可靠性。尤其重要的是,供应链参与者必须有能力生产出质量足够好的零件和材料,以支持实现系统的最终可靠性目标。由于技术趋势的变化,复杂的供应链相互作用的演变,需要经济有效的零件选择和管理流程来执行此评估。

10.17 中期可靠性目标

在开发过程中应为跟踪系统的可靠性确定目标值,这对于区分可能达到其可靠性需求的系统和那些将难以实现的目标值非常重要。通过及早识别在实现所需可靠性方面存在问题的系统,可以更加重视可靠性设计或可靠性测试,这往往是一种补救办法。考虑到在开发后期修改系统的难度,关键是要在过程的早期阶段就发现这些问题。

在承包商向国防部交付原型之前或之后,都可以在规定时间内设置目标可靠性值。在交付用于开发测试的原型之前,首先可以根据大多数子系统或系统级测试之前的可靠性设计活动来确定初始可靠性水平,从而确定中期目标值。然后,承包商可能会与国防部共同决定,应该使用什么样的可靠性模型作为时间的函数,将最初的可靠性水平与支持将原型交付给国防部的可靠性需求联系起来(见第4章)。然后可利用这种功能来确定中期可靠性指标。

正如本书所指出的,对于任何特定的设计配置来说,承包者进行的测试复制数量可能非常少。因此,这种估计很可能有很大的差异。在制定决策规则时,必须考虑到这一限制,以确定在没有额外的努力情况下不可能充分改进其可靠性需求的系统(见第7章)。

原型交付后,指定的初始可靠性水平可以是承包商在交货时或在早期全系统开发测试期间对可靠性进行的评估;最后的可靠性水平将是规定的要求,其日期将是启动运行测试的预定时间。再次,承包商和国防部将必须决定使用什么函数将初始可靠性水平与最终值以及用于拟合目标值的相关日期联系起来。在做出以上决定之后,可以很容易地确定中期可靠性目标。如上所述,任何有关系统是否准备进入运行测试的决策规则都需要考虑这种可靠性估计的差异。

在每一个应用中,只是拟合假设的可靠性随时间变化的曲线,该曲线将在特定的时间框架内将初始可靠性与可靠性目标联系起来。人们可以想象曲线的大部分变化都发生在时间框架的早期,其他曲线随时间变化相对一致,以及其他各种形状。无论选择哪条曲线,都将使用这条曲线来提供中期可靠性目标,并与目前的可靠性估计值进行比较,目的是利用曲线中的差异确定在规定的时间内不可能满足可靠性需求的系统。使用类似系统的经验应该提供关于测试事件的长度、数量和类型是否足以达到目标可靠性的信息。显然,估计的系统可靠性、估计的标准误差和目标值之间的比较最有可能发生在主要开发(及相关)测试事件或主要系统评估期间。

关于目标值的第二个设定,指定可靠性目标值的适当时间是在原型交付后,因为如果在运行测试期间发现设计缺陷,其结果将造成可靠性水平不能再有明显的提高。正如本书所指出的那样,运行测试一般侧重于找出有效性方面的缺陷,而不是适用性方面的问题,在这个阶段研究小组会发现维修缺陷是既昂贵又危险的(见第 8 章)。不幸的是,目前进行的后期全系统开发测试,由于其未能代表系统在许多操作使用方面的潜力,可能在发现可靠性设计缺陷方面受到某种程度的限制(见第 8 章;或见国家研究理事会,1998)。正如国防科学委员会强调的那样(美国国防部,2008a),测试无法克服最初的糟糕设计。因此,在设计阶段坚持做更多的工作来达到可靠性水平是非常重要的,而且在进入开发测试之前,初始可靠性水平的目标应该比目前情况更高。最初的设计提供了过低的初始可靠性,从而走上了失效不断增长的轨道,这是许多系统无法达到要求的主要原因。不幸的是,研究小组不能先验地为初始系统可靠性水平提供一个固定的规则,以便在原型交付之前或运行测试之前有合理的机会达到可靠性需求。至少,人们会认为这样的规则适用于某些特定的系统类型。

更一般地说,关于哪种可靠性设计技术和可靠性提升测试对哪些类型的防务系统最为有效,它们的应用顺序如何,以及可靠性设计或可靠性提升所需的总体努力水平如何,这几个关键问题仍未得到合适的解答。

为了帮助澄清这些问题和其他重要问题之间的关系,国防部应该收集并归档所有最近购置的第一类系统(见第 1 章),并考虑至少估计 5 个开发阶段的可靠性水平：

（1）在任何承包商测试之前，仅通过设计达到的水平；

（2）向国防部交付原型的水平；

（3）在第一个系统级政府测试中的水平；

（4）在进入运行测试之前达到的水平；

（5）运行测试结束时评估的水平。

数据分析将提供关于在开发过程的每个阶段对于不同类型的系统可行的可靠性需求的改进程度的信息。这样的分析对制定规则是有用的，可靠性水平应该作为提升到后续开发阶段的证据。（这样的分析需对防务系统进行分类，在这种分类中，要求进展的模式对于一个类别中的所有成员是具有相当可比性的。）

对这些数据的分析也可以确定不同方法在实现可靠性需求方面起作用的因素。例如，确定哪种可靠性设计技术或可靠性设计的预算对于预测初始的全系统开发测试可靠性水平的高低是非常重要的。同样，确定包括可靠性测试预算在内的测试工作以及所使用的测试是否成功地促进了可靠性提升也是非常重要的。研究小组也可以把相关系统可实现的可靠性作为预测的标准之一。

如果国防部建立一个数据库，把所有这些和其他被认为对最近和目前的采购方案的可靠性提升和可靠性实现具有潜在影响的变量包括在内，可能会有相当大的额外收益。例如，该数据库也可用于编制成本效益分析和业务案例分析，以支持进行特定的可靠性设计任务和测试。这种类型的数据库对于业绩最好的商业系统开发公司来说是司空见惯的，因为它们支持调查与获取可靠性系统无关的因素。虽然这种类型的数据库对于防务系统来说比较困难，但任何有关系统可靠性的信息也可以加入到类似这样的数据库中。

建议24：负责采办、技术与后勤的国防部副部长应该创建一个数据库，该数据库包括从政府测试之前的项目经理和正式进行开发测试和运行测试的运行测试机构处获得的3个要素：①输出，定义为在各个发展阶段达到的可靠性水平；②输入，定义为描述系统和测试条件的变量；③所使用的系统开发过程，即可靠性设计和可靠性测试的具体细节。对于主要的子系统，尤其是软件子系统，应该分别收集这些数据。

对这些数据的分析应该用来帮助区别将来那些能达到和不能达到可靠性需求的开发程序。这样的数据库也可以有利于包含有关部署系统可靠性性能的信息，从而为实现可靠性提供更好的"真实"价值。国防部应该设法寻求一些技术，使研究人员可以使用该数据库中的摘录，同时防止泄漏专有和机密的信息。

最后，国防部应寻求开发各种不同类型的可靠系统的最佳实践的主要实例，并将它们收集在一个案例集中，供程序管理人员使用。

一旦能够更好地理解初始可靠性要达到的水平要求，才有可能在进入运行测试之前达到要求的水平，那么采购合同就可以说明在系统提升到不同发展阶段之前承包商需要达到的可靠性水平。（当然，当考虑到证明可靠性是否与可靠性提升曲线中的目标一致时，任何即将出现的纠正措施的影响都应该被纳入到这些评估中。）

10.18 研究与展望

研究小组相信，上述建议将共同解决承包商提交建议的情况，这种做法可能并不少见，只是承诺提供一个高度可靠的防务系统，而没有详细说明将采取哪些措施来确保这一点。在正式测试之前，提案没有义务详细说明将采用哪种可靠性设计方法来实现尽可能高的初始可靠性，并且对于可靠性从初始水平到系统所要求的水平这一过程中的所有可靠性"增长"测试，提案都没有义务指定这些测试的数量、大小和类型。承包商也不需要提供相关的预算或影响原型交付的时间表。

由于缺乏这些细节，不能保证开展与可靠性的相关活动。事实上，分配大量预算，开发时间和细节以支持具体的可靠性设计程序和全面测试的建议已被隐含地惩罚，因为它们的开发成本更高，交付时间表要比分配较少的资源来满足可靠性需求的建议中的交付时间更长。上述建议将消除任何减少可靠性提升支出或可靠性测试支出的动机，以降低提案成本，从而增加赢得合同的机会，进而使得竞争更加公平。

系统应该有客观的可靠性阈值，作为严格执行判断"去/不去"的标准，如果不达到这些阈值，就不能提升到下一个发展阶段。在系统发展的每个决策点，如果评估的可靠性水平与可靠性提升曲线有很大的不同，那么除非有令人信服的理由，否则系统不应该提升到下一个水平。

上述许多建议要么明确地（通过提及专业的外部小组），要么隐含地利用了和可靠性相关的方法和模型方面的专业知识。在研究小组看来，国防部目前没有足够的可靠性专业知识来对许多 ACAT I 采购项目提供令人满意的监督。因此，研究小组建议国防部采取如下提出的建议步骤，以获得更多的专业知识。

建议 25：为了帮助提供有关发展防务系统可靠性的技术监督，特别是帮助制定可靠性需求，审查有关系统可靠性的采购建议和合同，并通过开发来监测采购计划,涉及使用可靠性设计方法和可靠性测试,美国国防部应通过内部招聘,通过咨询或合同协议,或通过向现有人员提供额外的培训,在这 5 个方面获得更多的专业知识:①可靠性工程;②软件可靠性工程;③可靠性建模;④加速测试;⑤电子元件的可靠性。

最后,研究小组的任务说明要求他们探索如何使用可靠性提升过程和各种模型来改进防务系统的开发和性能。在编写本书的工作中,研究小组的确给出了国防部在未来可能考虑支持的一些研究领域:可靠性设计支持研究、全面的可靠性评估研究、在开发和运行测试中难以观察的可靠性评估研究。

在可靠性设计支持方面,研究物理失效机制与新技术之间的关系似乎是必要的。研究小组注意到这方面的 3 个难题:

(1) 由于元件功能和容差的相互依赖而带来的系统可靠性评估的复杂性;失效开发和表达的非线性本质;负载条件、维护活动和运行状态的变化;

(2) 系统开发过程中的可靠性评估与全速率制造之间的关系;

(3) 评估系统中高频信号对连接的影响。

关于评估方法的研究有很多。研究小组在以下方面给出建议:

(1) 针对下一代高密度半导体和纳米级电子结构的高级商用电子产品的可靠性评估;铜丝焊线;环境友好型的成型化合物;先进的环保消费材料;车载航空航天应用和电池的电源模块;

(2) 为了可靠性预测的目的,以类似于可靠性框图的方法对供应链和制造链中的变化造成的固有不确定性进行建模;并从物理失效模型中创建传统的可靠性指标。

在开发和运行测试中也很难观察到短期和长期的可靠性问题。研究小组特别指出:

(1) 对可能导致早期故障(早期失效)的缺陷影响的识别、描述和建模;

(2) 对多种复合型应力同时影响的超长生命周期进行可靠性鉴定;

(3) 内置传感器退化的自我诊断,随着系统越来越多地装备有传感功能,传感器的退化不被察觉可能导致潜在的错误操作;

(4) 长期(例如太空飞行、存储)失效模式和测试方法。

参考文献

Alam, M., Azarian, M., and Pecht, M. (2012). Reliability of embedded planar capacitors with epoxy – BaTiO3 composite dielectric during temperature – humidity – bias tests. *IEEE Transactions on Device and Materials*, 12 (1), 86 – 93.

Ascher, H. (1968). Evaluation of repairable system reliability using the 'bad – as – old' concept. *IEEE Transactions on Reliability*, R – 17(2), 105 – 110.

Azarian, M., Keimasi, M., and Pecht, M. (2006). *Non – Destructive Techniques for Detection of Defects in Multilayer Ceramic Capacitors* (pp. 125 – 130). Paper presented at Components for Military and Space Electronics Conference, February 6 – 9, Los Angeles, CA.

Basili, V., Briand, L., and Melo, W. (1996). A validation of object oriented design metrics as quality indicators. *IEEE Transactions on Software Engineering*, 22(10), 751 – 761.

Bastani, F. B., and Ramamoorthy, C. V. (1986). Input – domain – based models for estimating the correctness of process control programs. In A. Serra, and R. E. Barlow (Eds.), *Reliability Theory* (pp. 321 – 378). Amsterdam: North – Holland.

Biyani, S., and Santhanam, P. (1998). Exploring defect data from development and customer usage on software modules over multiple releases. *Proceedings of International Symposium on Software Reliability Engineering*, 316 – 320.

Blischke, W. R., and Prabhakar Murthy, D. N. (2000). *Reliability: Modeling, Prediction, and Optimization*. New York: John Wiley & Sons.

Box, G. E. P., Hunter, J. S., and Hunter, W. G. (2005). *Statistics for Experimenters: Design, Innovation, and Discovery, Second Edition*. Hoboken, NJ: John Wiley & Sons.

Boydston, A., and Lewis, W. (2009). *Qualification and Reliability of Complex Electronic RotorcraftSystems*. Paper presented at the AHS Specialists Meeting on Systems Engineering, October 15 – 16, Harbor, CT.

Briand, L. C., Wuest, J., Ikonomovski, S., and Lounis, H. (1999). Investigating quality factors in object – oriented designs: An industrial case study. *Proceedings of International Conference on Software Engineering* (pp. 345 – 354).

Cheng, S., Tom, K., Thomas, L., and Pecht, M. (2010a). A wireless sensor system for prognostics and health management. *IEEE Sensors Journal*, 10(4), 856 – 862.

Cheng, S., Azarian, M., and Pecht, M. (2010b). Sensor systems for prognostics and health management. *Sensors*

(*Basel, Switzerland*),10(6),5774 – 5797.

Chidamber, S. R., and Kemerer, C. F. (1994). A metrics suite for object oriented design. *IEEE Transactions on Software Engineering*, 20(6), 476 – 493.

Chillarege, R., Kao, W – L., and Condit, R. G. (1991). Defect type and its impact on the growth curve. *Proceedings of the International Conference on Software Engineering*, 246 – 255.

Collins, D. H., and Huzurbazar, A. V. (2012). Prognostic models based on statistical flowgraphs. *Applied Stochastic Models in Business and Industry*, 28(2), 141 – 151.

Crow, L. H. (1974). *Reliability Analysis for Complex Repairable Systems*. Technical Report TR138. Aberdeen Proving Ground, MD: U. S. Army Materiel Systems Analysis Activity.

Crow, L. H. (1983). Reliability growth projection from delayed fixes. *Proceedings of the 1983 Annual Reliability and Maintainability Symposium* (pp. 84 – 89).

Crow, L. H. (2008). A methodology for managing reliability growth during operational mission profile testing. *Proceedings of the 2008 Annual Reliability and Maintainability Symposium* (pp. 48 – 53).

Crow, L. H., and Singpurwalla, N. D. (1984). An empirically developed Fourier series model for describing software failures. *IEEE Transactions on Reliability*, 33(2), 176 – 183.

Crowder, M. J., Kimber, A. C, Smith, R. L, and Sweeting, T. J. (1991). *Statistical Analysis of Reliability Data*. London: Chapman & Hall.

Cushing, M. J. (1993). Another perspective on the temperature dependence of microelectronicdevice reliability. *Proceedings of the 1993 Annual Reliability and Maintainability Symposium* (pp. 333 – 338).

Cushing, M. J. (2012). *ATEC Reliability Growth Case Studies and Lessons Learned*. Available: https://secure. inl. gov/isrcs2012/Presentations/ScienceOfTest_Cushing. pdf

Cushing, M. J., Mortin, D. E., Stadterman, T. J., and Malhotra, A. (1993). Comparison of electronics reliability assessment approaches. *IEEE Transactions on Reliability*, 42(4), 542 – 546.

Dalton, K., and Hall, J. B. (2010). *Implementing New RAM Initiatives in Army Test and Evaluation*. Annual Reliability and Maintainability Symposium, San Jose, CA. Available: http://ieeexplore. ieee. org/stamp/stamp. jsp? tp = &arnumber = 5448051 [October 2014].

Das, D. (2012). *Prognostics and Health Management: Utilizing the Life Cycle Knowledge to Reduce Life Cycle Cost*. Prepared for the First International Symposium on Physics and Technology of Sensors, March 7 – 10, Pune, India. Available: http://ieeexplore. ieee. org/xpls/abs_all. jsp? arnumber = 6260908 [October 2014].

Denaro, G., Morasca, S., and Pezze, M. (2002). *Deriving Models of Software Fault – Proneness*. Prepared for the 14th International Conference on Software Engineering and Knowledge Engineering, New York. Available: http://dl. acm. org/citation. cfm? id = 568824 [October 2014].

Drake, J. E. (1987). *Discrete Reliability Growth Models Using Failure Discounting* (Unpublished master's thesis). U. S. Naval Postgraduate School, Monterey, CA.

Duane, J. T. (1964). Learning curve approach to reliability monitoring. *IEEE Transactions on Aerospace and Electronic Systems*, 2(2), 563 – 566.

Duran, J. W., and Wiorkowski, J. J. (1981). Capture – recapture sampling for estimating software error content. *IEEE Transactions on Software Engineering*, 7(1), 147 – 148.

Ehrenberger, W. (1985). Statistical testing of real – time software. In W. J. Quirk (Ed.), *Verification and Valida-*

tion of Real – Time Software (pp. 147 – 178). New York: Springer – Verlag.

El – Emam, K. (2000). *A Methodology for Validating Software Product Metrics.* NRC/ERC – 1076. Ottawa, Canada: National Research Council of Canada.

Ellner, P. M., and Hall, J. B. (2006). *AMSAA Planning Model Based on Projection Methodology (PM2).* Technical Report 2006 – 9. Aberdeen Proving Ground, MD: U. S. Army Materiel Systems Analysis Activity.

Ellner, P. M., and Trapnell, P. B. (1990). *AMSAA Reliability Growth Data Study.* Interim Note IN – R – 184. Aberdeen Proving Ground, MD: U. S. Army Materiel Systems Analysis Activity.

Elsayed, E. A. (2012). Overview of reliability testing. *IEEE Transactions on Reliability*, 61(2), 282 – 291.

Escobar, L. A., Meeker, W. Q., Kugler, D. – L., and Kramer, L. L. (2003). Accelerated destructive degradation tests: Data, models, and analysis. *Mathematical Methods in Reliability*, 319 – 338.

Foucher, B., Boullie, J., Meslet, B., and Das, D. (2002). A review of reliability prediction methods for electronic devices. *Microelectronics Reliability*, 42(8), 1155 – 1162.

Fries, A., and Sen, A. (1996). A survey of discrete reliability growth models. *IEEE Transactions on Reliability*, R – 45(4), 582 – 604.

George, E., Das, D., Osterman, M., and Pecht, M. (2009). *Physics of Failure Based Virtual Testing of Communication Hardware.* Prepared for ASME International Mechanical Engineering Congress and Exposition, November 13 – 19, Lake Buena Vista, FL.

Goel, A., and Okumoto, K. (1979). Time – dependant error – detection rate model for software reliability and other performance measures. *IEEE Transactions on Reliability*, 28(3), 206 – 211.

Graves, T. L., Karr, A. F., Marron, J. S., and Siy, H. (2000). Predicting fault incidence using software change history. *IEEE Transactions in Software Engineering*, 26(7), 653 – 661.

Gyimothy, T., Ferenc, R., and Siket, I. (2005). Empirical validation of object – oriented metrics on open source software for fault prediction. *IEEE Transactions in Software Engineering*, 31(10), 897 – 910.

Hall, J. B., Ellner, P. M., and Mosleh, A. (2010). Reliability growth management metrics and statistical methods for discrete – use systems. *Technometrics*, 52(4), 379 – 389.

Hamada, M. S., Wilson, A. G., Reese, C. S., and Martz, H. F. (2008). *Bayesian Reliability.* New York: Springer.

Han, J., and Kamber, M. (2006). *Data Mining: Concepts and Techniques Second Edition.* San Francisco, CA: Morgan Kaufmann.

Hobbs, G. K. (2000). *Accelerated Reliability Engineering: HALT and HASS.* Hoboken, NJ: John Wiley & Sons. Information Technology Association of America. (2008). *Reliability Program Standard for Systems Design, Development, and Manufacturing: GEIA – STD – 0009.* Arlington, VA: Author.

Jaai, R., and Pecht, M. (2010). A prognostics and health management roadmap for information and electronics – rich systems. *Microelectronics Reliability*, 50, 317 – 323.

Jacoby, R., and Masuzawa, K. (1992). *Test Coverage Dependent Software Reliability Estimation by the HGD Model.* Prepared for Third International Symposium on Software Reliability Engineering, October 7 – 10, Research Triangle Park, NC.

Jelinksi, Z., and Moranda, P. B. (1972). Software reliability research. In W. Freiberger (Ed.), *Statistical Computer Performance Evaluation* (pp. 465 – 497). New York: Academic Press.

Jones, J. A., Marshall J., and Newman R. (2004). *The Reliability Case in the REMM Methodology.* Prepared for the Annual Reliability and Maintainability Symposium, January 26 – 29.

Jones, W., and Vouk, M. A. (1996). Software reliability field data analysis. In M. Lyu (Ed.), *Handbook of Software Reliability Engineering* (Chapter 11). New York: McGraw – Hill.

Keimasi, M., Ganesan, S., and Pecht, M. (2006). Low temperature electrical measurements of silicon bipolar Monolithic Microwave Integrated Circuit (MMIC) amplifiers. *Microelectronics Reliability*, 46(2 – 4), 326 – 334.

Khoshgoftaar, T. M., Allen, E. B., Goel, N., Nandi, A., and McMullan, J. (1996). Detection of software modules with high debug code churn in a very large legacy system. *Proceedings of International Symposium on Software Reliability Engineering*, 364 – 371.

Krasich, M. (2009). How to estimate and use MTTF/MTBF—Would the real MTBF please stand up? *Proceedings of the 2009 Annual Reliability and Maintainability Symposium* (pp. 353 – 359).

Kumar, S., Vichare, N. M., Dolev, E., and Pecht, M. (2012). A health indicator method for degradation detection of electronic products. *Microelectronics Reliability*, 52(2), 439 – 445.

Li, M., and Meeker, W. Q. (2014). Application of Bayesian methods in reliability data analysis. *Journal of Quality Technology*, 46(1), January. Available: http://asq.org/pub/jqt/past/vol46 – issue1/index.html [October 2014].

Littlewood, B., and Verrall, J. L. (1973). A Bayesian reliability growth model for computer software. *Applied Statistics*, 22, 332 – 346.

Liu, G. (1987). A Bayesian assessing method of software reliability growth. In S. Osaki and J. Cao (Eds.), *Reliability Theory and Applications* (pp. 237 – 244). Singapore: World Scientific.

Lloyd, D. K. (1987). *Forecasting Reliability Growth.* Prepared for the 33rd Annual Technical Meeting of the Institute of Environmental Science, May 5 – 7, San Jose, CA.

Long, E. A, Forbes, J., Hees, J., and Stouffer, V. (2007, June 1). *Empirical Relationships Between Reliability Investments and Life – Cycle Support Costs.* Report SA701T1. McLean, VA: LMI Government Consulting.

Mathew, S., Das, D., Osterman, M., Pecht, M., Ferebee, R., and Clayton, J. (2007). Virtual remaining life assessment of electronic hardware subjected to shock and random vibration life cycle loads. *Journal of the IEST*, 50(1), 86 – 97.

Mathew, S., Alam, M., and Pecht, M. (2012). Identification of failure mechanisms to enhance prognostic outcomes. *ASM Journal of Failure Analysis and Prevention*, 12(1), 66 – 73.

McCabe, T. J. (1976). A complexity measure. *IEEE Transactions on Software Engineering*, 2(4), 308 – 320.

Meeker, W. Q., and Escobar, L. A. (1998). *Statistical Methods for Reliability Data.* New York: Wiley Interscience.

Meneely, A., Williams, L., Snipes, W., and Osborne, J. (2008). Predicting failures with developer networks and social network analysis. *Proceedings of the Foundations in Software Engineering* (pp. 13 – 23).

Menon, S., Osterman, M., and Pecht, M. (2013). *Vibration Durability of Mixed Solder Ball Grid Array Assemblies.* Prepared for the IPC Electronic Systems Technology Conference, May 21 – 23, Las Vegas, NV.

Miller, K. W., Morell, L. J., Noonan, R. E., Park, S. K., Nicol, D. M., Murrill, B. W., and Voas, J. M. (1992). Estimating the probability of failure when testing reveals no failures. *IEEE Transactions on Software Engineering*, 18(1), 33 – 43.

Mortin, D. E., Krolewski, J., and Cushing, M. J. (1995). Consideration of Component Failure Mechanisms in the

Reliability Assessment of Electronic equipment：Addressing the Constant Failure Rate Assumption. Prepared for the Annual Reliability and Maintainability Symposium, January 16 – 19, Washington, DC.

Munson, J. C. , and Elbaum, S. （1998）. Code churn：A measure for estimating the impact of code change. *Proceedings of IEEE International Conference on Software Maintenance*, 24 – 31.

Musa, J. （1975）. A theory of software reliability and its application. *IEEE Transactions on Software Engineering*, 1 (3), 312 – 327.

Musa, J. （1998）. *Software Reliability Engineering*. New York：McGraw – Hill.

Musa, J. , and Okumoto, K. （1984）. A comparison of time domains for software reliability models. *Journal of Systems and Software*, 4(4), 277 – 287.

Musa, J. , Ianino, A. , and Okumoto, K. （1987）. *Software Reliability：Measurement, Prediction, Application*. New York：McGraw – Hill.

Nagappan, N. , and Ball, T. （2005）. Use of relative code churn measures to predict system defect density. *Proceedings of International Conference on Software Engineering*, 284 – 292.

Nagappan, N. , Ball, T. , and Murphy, B. （2006）. *Using Historical In – Process and Product Metrics for Early Estimation of Software Failures*. Prepared for the International Symposium on Software Reliability Engineering, November 7 – 10, Raleigh, NC.

Nagappan, N. , Murphy, B. , and Basili, V. （2008）. The influence of organizational structure on software quality：An empirical case study. *Proceedings of the International Conference on Software Engineering*, 521 – 530.

Nakagawa, Y. , and Hanata, S. （1989）. An error complexity model for software reliability measurement. *Proceedings of International Conference on Software Engineering*, 230 – 236.

National Research Council. （1998）. *Statistics, Testing, and Defense Acquisition*. M. L. Cohen, J. E. Rolph, and D. L. Steffey, Eds. Panel on Statistical Methods for Testing and Evaluating Defense Systems, Committee on National Statistics, Commission on Behavioral and Social Sciences and Education. Washington, DC：National Academy Press.

National Research Council. （2004）. *Improved Operational Testing and Evaluation and Methods of Combining Tet Information for the Stryker Family of Vehicles and Related Army Systems*. Phase II Report, Panel on Operational Test Design and Evaluation of the Interim Armored Vehicle, Committee on National Statistics. Washington, DC：The National Academies Press.

National Research Council. （2006）. *Testing of Defense Systems in an Evolutionary Acquisition Environment*. Oversight Committee for the Workshop on Testing for Dynamic Acquisition of Defense Systems. V. Nair and M. L. Cohen, Eds. Committee on National Statistics, Division of Behavioral and Social Sciences and Education. Washington, DC：The National Academies Press.

Nelson, E. （1978）. Estimating software reliability from test data. *Microelectronics and Reliability*, 17(1), 67 – 74.

Nelson, W. B. （2003）. *Recurrent Events Data Analysis for Product Repairs, Disease Recurrences, and Other Applications*. ASA – SIAM Series on Statistics and Applied Probability. Philadelphia, PA：Society for Industrial and Applied Mathematics.

Osterman, M. （2011）. *Modeling Temperature Cycle Fatigue Life of SN100C Solder*. Paper prepared for the SMTA International Conference on Soldering and Reliability, May 3 – 4, Toronto, Canada.

Ostrand, T. J. , Weyuker, E. J, and Bell, R. M. （2004）. Where the bugs are. *Proceedings of the 2004 ACM SIG-*

SOFT International Symposium on Software Testing and Analysis (pp. 86 – 96).

Ostrand, T. J. , E. J. Weyuker, E. J. , and Bell, R. M. (2005). Predicting the location and number of faults in large software systems. *IEEE Transactions on Software Engineering*, 31(4), 340 – 355.

Pecht, M. (Ed.). (2009). *Product Reliability, Maintainability and Supportability Handbook*. Boca Raton, FL: CRC Press.

Pecht, M. , and Dasgupta, A. (1995). Physics – of – failure: An approach to reliable product development. *Journal of the Institute of Environmental Sciences*, 38, 30 – 34.

Pecht, M. , and Gu, J. (2009). Physics – of – failure – based prognostics for electronic products. *Transactions of the Institute of Measurement and Control*, 31(3/4), 309 – 322.

Pecht, M. , and Kang, W. (1988). A critique of MIL – HDBK – 217E reliability prediction methods. *IEEE Transactions on Reliability*, 37(5), 453 – 457.

Pecht, M. , Malhotra, A. , Wolfowitz, D. , Oren, M. , and Cushing, M. (1992). *Transition of MIL – STD – 785 from a Military to a Physics – of – Failure Based Com – Military Document*. Prepared for the 9th International Conference of the Israel Society for Quality Assurance, November 16 – 19, Jerusalem, Israel.

Pogdurski, A. , and Clarke, L. A. (1990). A formal model of program dependencesand its implications for software testing, debugging, and maintenance. *IEEE Transactions in Software Engineering*, 16(9), 965 – 979.

Reese, C. S. , Wilson, A. G. , Guo, J. , Hamada, M. S. , and Johnson, V. (2011). A Bayesian model for integrating multiple sources of lifetime information in system reliability assessments. *Journal of Quality Technology*, 43(2), 127 – 141.

Rigdon, S. E. , and Basu, A P. (2000). *Statistical Methods for the Reliability of Repairable Systems*. New York: John Wiley & Sons.

Sandborn, P. , Prabhakar, V. , and Eriksson, B. (2008). *The Application of Product Platform Design to the Reuse of Electronic Components Subject to Long – Term Supply Chain Disruptions*. Prepared for the ASME International Design Engineering Conferences and Computers and Information in Engineering Conference, August 6, New York.

Schick, G. J. , and Wolverton, R. W. (1978). An analysis of competing software reliability models. *IEEE Transactions on Software Engineering*, 4(2), 104 – 120.

Schroter, A. , Zimmermann, T. , and Zeller, A. (2006). Predicting component failures at design time. *Proceedings of International Symposium on Empirical Software Engineering*, 18 – 27.

Selby, R. W. (2009). Analytics – driven dashboards enable leading indicators for requirements and designs of large – scale systems. *IEEE Software*, 26(1), 41 – 49.

Sen, A. , and Bhattacharyya, G. K. (1993). A piecewise exponential model for reliability growth and associated inferences. In A. P. Basu (Ed.), *Advances in Reliability* (pp. 331 – 355). Amsterdam: North – Holland.

Siegel, E. (2011). *If You Can Predict It, You Own It: Four Steps of Predictive Analytics to Own Your Market*. Prepared for the SAS Business Analytics Knowledge Exchange, June.

Siegel, E. (2012). *Uplift Modeling: Predictive Analytics Can't Optimize Marketing Decisions Without It*. White paper produced by Prediction Impact and sponsored by Pitney Bowes Business Insight, June 2011.

Sotiris, V. , Tse, P. W. , and Pecht, M. (2010). Anomaly detection through a Bayesian support vector machine. *IEEE Transactions on Reliability*, 59(2), 277 – 286.

Spencer, F. W. , and Easterling, R. G. (1986). Lower confidence bounds on system reliability using component data: The Maximus methodology. In A. P. Basu (Ed.), *Reliability and Quality Control* (pp. 353 – 367). Amsterdam: Elsevier B. V.

Steffey, D. L. , Samaniego, F. J. , and Tran, H. (2000). Hierarchical Bayesian inference in related reliability experiments. In N. Limnios and M. Nikulin (Eds.), *Recent Advances in Reliability Theory: Methodology, Practice, and Inference* (pp. 379 – 390). Boston: Birkhauser.

Subramanyam, R. , and Krishnan, M. S. (2003). Empirical analysis of CK metrics for objectoriented design complexity: Implications for software defects. *IEEE Transactions on Software Engineering*, 29(4), 297 – 310.

Sun, J. , Cheng, S. , and Pecht, M. (2012). Prognostics of multilayer ceramic capacitors via the parameter residuals. *IEEE Transactions on Device and Materials*, 12(1), 49 – 57.

Tahoma, Y. , Tokunaga, K. , Nagase, S. , and Murata, Y. (1989). Structuralapproach to the estimation of the number of residual software faults based on the hyper – geometric distribution. *IEEE Transactions on Software Engineering*, 15(3), 345 – 362.

Thompson, W. E. , and Chelson, P. O. (1980). On the specification and testing of software reliability. *Proceedings of the Annual Reliability and Maintainability Symposium* (pp. 379 – 383).

Trapnell, P. B. (1984). *Study on Reliability Fix Effectiveness Factors for Army Systems*. Technical Report 388. Aberdeen Proving Ground, MD: U. S. Army Materiel Systems Analysis Activity.

U. S. Department of Defense. (1982). *Test and Evaluation of System Reliability, Availability, and Maintainability: A Primer*. Report No. DoD 3235. 1 – H. Washington, DC: Author.

U. S. Department of Defense. (1991). *MIL – HDBK – 217. Military Handbook: Reliability Prediction of Electronic Equipment*. Washington, DC: U. S. Department of Defense. Available: http://www.sre.org/pubs/Mil – Hdbk – 217F. pdf [August 2014].

U. S. Department of Defense. (2004). *Department of Defense Directive* 4151. 18. Subject: Maintenance of Military Materiel, March 31.

U. S. Department of Defense. (2005). *DoD Guide for Achieving Reliability, Availability, and Maintainability*. Washington, DC: Author.

U. S. Department of Defense. (2008a). *Report of the Defense Science Board Task Force on Developmental Test and Evaluation*. Washington DC: Office of the Secretary of Defense for Acquisition, Technology, and Logistics.

U. S. Department of Defense. (2008b). *Operation of the Defense Acquisition System*. DoD Instruction Number 5000. 02. Washington, DC: Author.

U. S. Department of Defense. (2008c). *Report of the Reliability Improvement Working Group*. Washington, DC: Author.

U. S. Department of Defense. (2010). *Guidance on the Use of Design of Experiments (DOE) in Operational Test and Evaluation*. Director, Operational Test and Evaluation. Available: http://www.dote.osd.mil/pub/reports/20101019GuidanceonuseofDOEinOT&E. pdf [October 2014].

U. S. Department of Defense. (2011a). *Department of Defense Handbook: Reliability Growth Management*. MIL – HDBK – 189C. Washington, DC: Author.

U. S. Department of Defense. (2011b). *FY 2011 Annual Report*. Director, Operational Test and Evaluation. Available: http://www.dote.osd.mil/pub/reports/FY2012 [October 2014].

U. S. Department of Defense. (2012). *Test and Evaluation Management Guide*. Washington, DC: Author.

U. S. Department of Defense. (2013a). *Defense Acquisition Guidebook*. Washington, DC: Author.

U. S. Department of Defense. (2013b). *Directive – Type Memorandum (DTM 11 – 003) – Reliability Analysis, Planning, Tracking, and Reporting*. Washington, DC: Author.

U. S. Government Accountability Office. (2008). *Best Practices: Increased Focus on Requirements and Oversight Needed to Improve DOD's Acquisition Environment and Weapon System Quality*. GAO – 08 – 294. Washington, DC: Author.

Vasan, A., Long, B., and Pecht, M. (2012). Diagnostics and prognostics method for analog electronic circuits. *IEEE Transactions on Industrial Electronics*, 60(11), 5277 – 5291.

Vouk, M. A., and Tai, K. C. (1993). Multi – phase coverage – and risk – based software reliability modeling. *Proceedings of CASCON '93*, 513 – 523.

Walls, L., Quigley, J., and Krasich, M. (2005). Comparison of two models for managing reliability growth during product design. *IMA Journal of Management Mathematics*, 16(1), 12 – 22.

Weiss, S. N., and Weyuker, E. J. (1988). An extended domain – bases model of software reliability. *IEEE Transactions on Software Engineering*, 14(10), 1512 – 1524.

Weyuker, E. J., and Ostrand, T., and Bell, R. (2008). Do too many cooks spoil the broth? Using the number of developers to enhance defect prediction models. *Empirical Software Engineering Journal*, October.

Whittaker, J. A. (1992). *Markov Chain Techniques for Software Testing and Reliability Analysis* (Ph. D. dissertation). University of Tennessee, Department of Computer Science, Knoxville.

Whittaker, J. A., and Poore, J. H. (1993). Markov analysis of software specifications. *ACM Transactions on Software Engineering and Methodology*, 2(1), 93 – 106.

Wilson, A. G., Graves, T., Hamada, M. S., and Reese, C. S. (2006). Advances in data combination and collection for system reliability assessment. *Statistical Science*, 21(4), 514 – 531.

Wohlin, C., and Korner, U. (1990). Software faults: Spreading, detection and costs. *Software Engineering Journal*, 5(1), 38 – 42.

Wong, K. L. (1990). What is wrong with the existing reliability prediction methods? *Quality and Reliability Engineering International*, 6(4), 251 – 258.

Xie, M. (1991). *Software Reliability Modeling*. Singapore: World Scientific.

Yamada, S., and Osaki, S. (1983). Software reliability growth modeling: Models and applications. *IEEE Transactions on Software Engineering*, 11(12), 1431 – 1437.

Yamada, S., and Osaki, S. (1985). Discrete software reliability growth models. *Journal of Applied Stochastic Models and Data Analysis*, 1(4).

Zimmermann, T., and Nagappan, N. (2008). Predicting defects using network analysis on dependency graphs. *Proceedings of the International Conference on Software Engineering* (pp. 531 – 540).

Zimmermann, T., Weissgerber, P., Diehl, S., and Zeller, A. (2005). Mining version histories to guide software changes. *IEEE Transactions in Software Engineering*, 31(6), 429 – 445.

附录A 国家统计委员会相关报告中的建议

国家统计委员会进行了一些研究,由负责采办、技术与后勤部门的国防部副部长和美国国防部作战测试和评价局主任提供了相关的研究细节。以前的研究涵盖了统计学、系统工程学和软件工程技术的应用以综合改进防务体系的开发。这些研究的许多结论和建议与可靠的防务系统的发展有关,即与本研究的主题高度相关。

本附录的其余部分说明了这些结论和建议,其中大部分尚未得到充分执行。这里列入的内容既突出了本书中的一些问题由来已久,也强调了国防开发、采购和测试系统中许多部分之间的联系。

报告按时间顺序列出,其中给出了全部的结论和建议。所有报告均由国家科学研究院出版社出版并提供。

统计、测试和国防采购:新方法和方法改进(1998)

这项研究是将统计方法应用于防务采购的许多组成部分中的一般概述。

建议7.1:国防部和军种部门应更多地关注其可靠性、可用性和可维护性数据的收集和分析程序,因为目前的许多现场问题和对军事准备的担忧仍然是由缺陷造成。(第105页)

建议7.2:测试和评估的总体规划和相关文件应该包括关于如何解决可靠性、可用性和可维护性问题的更明确的讨论,特别是在何种程度上运用测试、建模、模拟和专家判断的方法和解决策略。军事部门应该更多地使用统计设计的测试来评估可靠性、可用性和可维护性以及相关的操作适应性措施。(第106页)

建议7.3:作为对未来防务系统的可靠性、可用性和可维护性评估的一部分,应为每个系统制定合理的标准。这些标准应该平衡各种考虑因素,并且明确地与系统成本和性能的估计相联系。如果系统的可靠性、可用性和可维护性特

征低于某一特定的数值目标,则应该包括对性能影响和失效成本的讨论与分析。(第 107 页)

建议 7.4:运行测试机构应该对设备可靠性、可用性和可维护性统计模型的规范给予更多关注,并注意其需要支持基本的假设。应该使用从当前可用的最佳方法和软件开发的绘图、诊断和正式统计测试中获得的证据来证明在运行适应性测试的设计和分析中选择统计模型的合理性。(第 113 页)

建议 7.6:服务测试机构应在运行测试之前仔细记录用于计算可靠性、可用性和可维护性数据的失效定义和标准。应该评估实际执行的评分程序的客观性并将其纳入结果报告中。最终可靠性、可用性和可维护性评估对测试数据的合理替代解释的敏感性,以及有关运行速度和后勤保障的后续假设也应在报告中予以讨论。(第 116 页)

建议 7.7:结合来自不同来源的可靠性、可用性和可维护性数据的方法,经过仔细研究并有选择地使用在与国防部采购计划有关的测试过程中。特别是应该授权操作测试人员将来自开发和运行测试的可靠性、可用性和可维护性数据适当地结合在一起,但前提条件是对其进行仔细的分析和详细的区分。(第 119 页)

建议 7.8:所有经服务批准的可靠性、可用性和可维护性数据,包括供应商从技术、开发和运行测试中生成的数据,均应妥善存档并用于预期系统的最终预生产评估。采购后,应保留现场性能数据和相关记录以供系统使用,并用于对其可靠性、可用性和可维护性特征进行持续评估。(第 120 页)

建议 7.9:任何使用基于模型的可靠性预测在运行适应性评估中的应用都应该经过现场验证后再进行。持续不能实现的验证应禁止使用可靠性提升模型。(第 122 页)

建议 7.10:鉴于加速可靠性测试方法的潜在好处,研究小组支持进一步使用这种方法。为避免误用,任何用作加速可靠性测试的显式或隐式元件的模型必须与用于评估系统有效性的模型进行相同的验证并判断其认证标准是否一致。(第 124 页)

建议 7.11:国防部应积极采取措施,将国际标准化组织(ISO)有关可靠性、可用性和可维护性的标准适用于所有测试机构。所有的测试机构都应该在各自的领域进行 ISO 认证,以确保未来军事系统的适应性。(第 125 页)

建议 7.12:军事可靠性、可用性和可维护性测试应该通过一系列新的军事手册进行通报和指导,这些手册包含对可靠性和寿命测试领域所有相关主题的现代处理方法,包括但不限于设计标准和加速测试的分析,失误删除数据的处理,压力测试以及可靠性提升的建模和测试。这些手册的建模视角应该是广泛的,包括对模型选择和模型验证的实用建议。此外应该包括对广泛的参数模型的讨论,也应该描述相关的非参数模型方法。(第126页)

防务系统软件工程创新(2003)

这项研究涵盖了面向统计的软件工程方法,这些方法对于防务系统的开发是有一定帮助的。

建议1: 鉴于当前在服务测试机构中缺乏最先进的软件工程方法,应采取初步措施,以开发内部或与其密切相关的在运营或发展服务测试层面的最先进的软件工程专业知识。(第2页)

建议2: 每个服务的运营或开发测试机构应定期收集和存档软件性能数据,包括测试性能数据和现场性能数据。数据应包括失效类型、失效时间和频率、周转率、使用情况和根本原因分析。另外,软件采购合同应该包括收集这些数据的要求。(第3页)

建议3: 每个服务的运营或开发测试机构应评估使用最先进的程序的优点,以检查相对复杂的防务软件密集型系统的需求规范是否合理。(第3页)

建议6 DoD需要检查使用方法的优点和缺点,尤其是对于更一般的软件工程和开发方法。这些方法是根据与DoD签订合同的软件开发人员使用的最先进方法提出的,其用于进行需求分析和软件测试。(第4页)

进化采办环境中的防务系统测试(2006)

这项研究考虑了适用于分阶段实施的防务系统开发的方法。

1. ……修改国防部测试程序,明确要求开发测试中包括实际操作层面的测试……

2. 要求(DoD)承包商分享系统性能的所有相关数据以及建模和仿真的结果……

防务系统有效开发和测试的工业方法(2012)

这项研究考察了系统和软件工程方法在防务系统开发中的应用潜力。

防务系统在开发初期的表现往往不会被严格地评估,因此在某些情况下,评估的结果是不明确的。这对于适应性评估尤其如此。这种缺乏严格的评估发生在：系统需求的产生，从开发人员到政府进行开发测试的原型元件、子系统和系统交付的时间，以及为运营测试提供生产代表系统原型上。因此，在整个早期的发展过程中，当实质性设计问题依然存在时，系统可以进入后期的开发阶段。

附录 B 研讨会日程

可靠性提升专题研讨会
国防科学院国防统计委员会防务系统可靠性提升模型理论与应用小组
2011 年 9 月 22—23 日
华盛顿中心假日酒店
市长办公室
罗得岛大道西北 1501 号
华盛顿特区 20005
议程

9 月 22 日星期四

8:45 am	可靠性提升的关键问题 国防部采办、技术与后勤部门 Frank Kendall； 国防部作战测试和评价局办公室主任 Michael Gilmore
9:30 am	国防部可靠性政策 DTM 11-003 批准后的实施战略 国防部负责 Andy Monje
10:00 am	可用于 DoD 和工业当中的可靠性管理、设计和发展标准的回顾 可靠性信息分析中心 David Nicholls
10:25 am	关于 GEIA-STD 0009 的更多意见 雷神公司 Paul Shedlock
10:50 am	休息
11:00 am	防务承包商的观点 洛克希德·马丁公司 Tom Wissink

	雷声公司 Lou Gullo
12:10 pm	午餐
1:10 pm	非防务承包商的观点
	福特公司 Guangbin Yang;
	阿尔卡特朗讯公司 Shirish Kher
	通用电气公司 Martha Gardner
2:20 pm	ATEC[美国陆军测试与评估司令部]可靠性提升案例分析和经验教训
	陆军作战评估中心 Mike Cushing
3:15 pm	防御经验
	空军作战测试与评估中心 Albert(Bud)Boulter;
	美国海军研究、开发和采办总系统工程师 James Woodford;
	美国海军航空系统司令部 Karen Bain
4:30 pm	休息
4:45 pm	可靠性评估中的一些软件复杂性
	美国海军作战测试与评估部门 William McCarthy
	国防部作战测试和评价局办公室主任 Patrick Sul
5:15 pm	软件测试
	微软 Nachi Nagappan
5:40 pm	讨论
6:00 pm	休会

9月23日星期五

8:45 am	评估硬件系统的可靠性和其他设计问题的测试
	罗格斯大学工业与系统工程系 E. A. Elsayed
9:25 am	DT/OT 差距
	陆军测试和评估司令部 Paul Ellner
10:00 am	休息
10:10 am	重新审视可靠性理论的基础
	Nozer Singpurwalla,乔治华盛顿大学统计系
10:40 am	可靠性的增长和超越
	海军研究生院运筹学系 Don Gaver
11:10 am	固定效应因子的新视角

	伦诺克斯国际公司商业工程师 Steve Brown
11:40 am	各种技术问题:公开讨论
	主持人:密歇根大学生物统计学系 Ananda Sen
12:00 pm	工作午餐(继续讨论)
1:00 pm	休会

附录 C　国防部近期为提升系统可靠性所做的努力

自 21 世纪初以来,美国国防部对国防采办进行了多次考察,并开始出台一些新的办法。这些发展是对过去二十年来被普遍认为的系统可靠性恶化的回应。

20 世纪 90 年代,一些观察家认为,国防采办如果对承包商开发武器系统的监督较少,其结果将会得到更高质量(更及时地提供)的防务系统。无论这种观点是否被广泛接受,20 世纪 90 年代也是国防部长办公室(OSD)和服务部门大部分可靠性工程专业知识出现严重不足的时候(Adolph 等,2008),一些提供系统适应性监督细节的正式文件被取消或没有更新。

例如,美国国防部《实现可靠性、可用性和可维护性的指南》(即 RAMPrimer)未能包括许多新的方法,《军用手册:电子设备的可靠性预测(MIL – HDBK – 217)》日益过时,1998 年美国国防部取消了《系统和设备开发和生产的可靠性计划(MIL – STD – 785B)》(尽管工业界继续遵循其建议的程序)①。

在 21 世纪 20 年代中期,至少就防务系统的可靠性而言,这种放松的监督策略导致的消极影响越来越清楚。2006 年至 2011 年间在作战测试和评价局(DOT&E)主任的年度报告中对防务系统开发评估进行的总结指出,很大一部分防务系统(通常高达 50%)在运行测试期间未能达到要求的可靠性。由于防务系统有 10 ~ 15 年的发展时间,相对较新的数据仍然反映了 20 世纪 90 年代的程序。

本附录的其余部分重点介绍了几个针对这个问题发布的报告。

---

①　对这个标准的批评是它采取了太多关于反应性的方法来实现系统可靠性目标。特别是,这个标准假定大约 30% 的系统可靠性来自设计选择,而其余的 70% 将通过测试期间的可靠性提升来实现。

DOT&E2007 年度报告

在 DOT&E 的 2007 年度报告中,Charles McQueary 主任提供了一个有用的概述,说明了为提升防务系统的可靠性,通常需要改变什么,特别是为什么在开发早期关注可靠性是重要的(美国国防部,2007a,第 i 页):

有关可靠性的问题包括:可靠性需求的定义不明确,开发人员缺乏对用户如何操作和维护系统的理解,缺乏可靠的合同激励以及在系统开发过程中缺乏对可靠性提升的追踪。

他还写道,处理这种问题显然是有成本效益的,因此应该确定其最佳做法(第 i - ii 页):

研究小组的分析显示,可靠性投资回报率在 2∶1 的低点和 128∶1 的高点之间。平均预期回报率为 15∶1,意味着每投入 1 美元可靠性,生命周期成本节省 15 美元……由于研究小组研究的程序是成熟的,我相信早期的可靠性投资(理想情况下,在设计过程的早期)可以产生更大的回报,对在外打仗的军人和纳税人都有好处……我也相信努力定义可靠性的最佳实践方案是至关重要的,这些方案应该在方案提案的指导和评估方面发挥更大的作用。一旦商定并编纂成功,可靠性计划标准就可以顺理成章地出现在 RFP 和相应的合同中。行业的不同角色区分是这个领域的关键。

2008 年国防科学委员会报告

2008 年 5 月,美国国防部国防科学委员会作战测试与评价工作组发表了报告(美国国防部,2008a),其中包括以下关于防务系统发展的主张(第 6 页):

缓解高适应性失效率所必需的一个重要步骤是确保从一开始就制定并且执行可行的系统工程战略方案,该方案作为设计和开发的一个组成部分,为具有强大的可靠性、可用性和可维护性(RAM)的方案护航。无论测试多少次,都无法弥补 RAM 方案设计中的不足。

报告发现,在 15 年前,国防部已经停止使用可靠性提升技术。该报告向国防部提出了有关国防采购程序的若干建议(第 6 页):

国防部应该在联合能力集成开发系统(JCIDS)内确定和定义 RAM 要求,并将其作为强制性合同要求纳入 RFP……在来源选择过程中,应该评估投标人是否满足 RAM 要求的方法。确保 RAM 要求流向分包商,并要求制定先行指标以确保其符合 RAM 要求。

此外,工作组建议国防部(第6页):

包括强大的可靠性提升计划,强制性合同要求和作为每个重大计划评审的一部分的进展文件……确保在技术审查过程的各个阶段进行可信的可靠性评估,并在可操作的环境中实现可靠性标准。

这份报告还认为,需要有一个最佳实践标准,以便国防承包商可以使用这些标准来制定新系统开发的建议和合同。这个建议的一个结果是在政府电子和信息技术协会(GEIA)的主持下成立的一个由工业界、国防部、学术界和服务部门组成的委员会。由此产生的《系统设计、开发和制造的可靠性程序标准 ANSI/GEIA-STD-0009》①于 2008 年被美国国家标准协会认证,并被指定为国防部的一个标准,以便项目经理在 RFPs 和合同中纳入最佳可靠性实践。

陆军采购执行备忘录

大约在同一时间,陆军修改了在陆军采购执行备忘录中关于可靠性采购政策的描述(美国国防部,2007b)。备忘录(第1页)指出:"新兴的数据显示,相当数量的美国陆军系统在作战测试中未能显示出既定的可靠性需求,其中许多系统远未达到其既定要求。"

为了解决这个问题,陆军制定了一个系统开发和演示可靠性测试阈值的流程。该流程要求尽早建立初始可靠性阈值以纳入系统开发和演示合同。报告指出,应该在第一次全面综合的系统级开发测试事件结束之前达到阈值。阈值的默认值是功能开发文档中指定的可靠性需求的 70%。此外,测试和评估总体规划(TEMP)②包括测试和评估计划,以评估整个系统开发过程中的阈值和可靠性的增长③。与此同时,参谋长联席会议发布了一个关于系统需求的更新说明(CJCSI 3170.01F)④,其中宣布了材料的可用性,这是可靠性的一个组成部分,同

---

① 该标准取代了 MIL-STD-785 系统和设备的可靠性计划。
② TEMP 是所有生命周期测试和评估(T&E)的高级"与特定的采购系统有关的基本计划文件,并被所有决策机构用于计划、审查和批准 T&E 活动"(美国陆军,小册子 73-2,1996 年,第 1 页)。
③ 在 DOT&E 年度报告的后续文档中描述了许多这些举措。
④ http://www.dtic.mil/cjcs_directives/cdata/unlimit/3170_01.pdf[2014 年 8 月]。

时也是一个"关键性能参数"。

可靠性改进工作组

同样在 2008 年,DOT&E 建立了一个可靠性改进工作组,其建立的 3 个目标是:确保每个国防部采购计划都包含一个可行的系统工程策略,包括 RAM 增长计划;促进经验丰富的检测评估干部和政府机构内部人员的重组;并执行规定的综合发展和业务测试,包括共享和获取所有适当的承包商和政府数据,以及在早期测试中使用具有代表性的业务环境。

这个工作小组的后续报告(美国国防部,2008b)讨论了 6 个要求:①强制性可靠性政策;②早期可靠性计划的项目指导;③RFP 和合同的语言;④评估投标人建议的计分卡;⑤对计划进展进行可信的标准评估;⑥每个服务都聘用专家骨干。该报告还赞同使用基于 ANSI/GEIA – STD – 0009(见上文)的特定合同语言。

关于需求建议书,工作组的报告包含以下在采购合同中强制要求的可靠性活动的建议(美国国防部,2008b,第Ⅱ – 6 页):

承包商应为系统开发可靠性模型。至少,系统可靠性模型应该被用来①从系统层面上生成和更新可靠性分配,以降低契约水平;②基于来自较低契约水平的可靠性估计来汇总系统级可靠性;③确定单一失效点;④确定可靠性关键项目和需要额外设计或测试的活动以实现可靠性需求的领域。当确定新的失效模式时,系统可靠性模型、失效定义将被更新,操作和环境负载估计被修正,并在整个生命周期中不断进行设计和制造变更。应根据情况加入详细的构件应力和损伤模型。

报告继续提出了对承包商的详细要求(第Ⅱ – 6,7 页):

承包商应实施完善的系统工程流程,将客户/用户的需求和要求转化为合适的系统/产品,同时平衡性能、风险、成本和进度……承包商应估计且定期更新系统在整个生命周期实际使用中预期遇到的运行和环境载荷(如机械冲击、振动和温度循环)。这些负载应在整个生命周期中进行预估,通常包括操作、存储、运输、处理和维护。应使用代表生产的系统及时进行可靠性验证,以确认操作上的可靠性……由于上面估计的产品级操作和环境载荷,承包商应估算因此造成的附属元件、子元件、元件、现成商品、非开发项目和政府提供的设备承受的生命周期负载。这些估计和更新应提供给开发该系统的元件、子元件和元件的团队……失效模式和机制的确定应在合同授予后立即开始。上述获得的元件、子元件和元件的生命周期负载的估算应作为基于工程和物理的模型的输入,以便识别潜在的失效机制和由此产生的失效模式。开发此系统的元件、子元件和元件的团队应该通过分析、测试或加速测试对施加了上面估计的生命周期负载时的元件、子元件和元件将产生的失效模式和分布进行识别和确认……对所有发生在试验或现场的失效都要进行分析,直到发现失效机制的根本原因。识别失效机制提供了识别纠正措施(包括可靠性改进)所必需的洞察力。预测的失效模式/机制应与来自测试和实际的失效模式进行比较……承包商应有一个完整的团队,包括元件、子元件、元件、现成商品、非开发项目和政府提供的设备的供应商,分析由建模、分析、测试或整个生命周期领域引起的所有失效模式,以制定纠正措施……承包商应部署一个机制(如失效报告、分析和纠正运行系统或数据收集、分析和纠正运行系统),以便在整个组织内进行监视和沟通,该机制包括①测试和实际失效的描述;②分析失效模式和失效机理的根本原因;③设计或处理纠正措施和减轻风险决策的状态;④纠正措施的有效性;⑤经验教训……在系统可靠性模型中开发的模型应与专家一起判断使用,以评估设计(包括现成商品、非开发项目和政府提供的设备)是否能够满足可靠性在用户环境中的要求为判定标准。如果评估结果认为顾客的要求不可行,承包商应将此告知顾客。承包商应将可靠性需求降低到最低限度,并将其和所需的投入向下分配给其分包商/供应商。承包商应使用系统可靠性模型、本书设计的生命周期运行和环境负载估算以及失效定义和评分标准在整个生命周期中定期评估系统的可靠性……承包商应了解失效定义和评分标准,并在使用这些失效定义及用户操作和维护系统时开发系统以满足可靠性需求……承包商应与客户/用户进行技术交流,以比较可靠性活动的状态和结果,特别是失效模式的识别、分析、分类和缓解。

TEMP 要求

同样从 2008 年开始,DOT&E 开始要求 TEMP 包含一个收集和报告可靠性数据的过程,并且在系统开发期间提出可靠性提升的具体计划。2011 年 DOT&E 年度报告(美国国防部,2011a)给出了这一要求的效果,指出在 2010 年对 151 个 DOT&E 批准的 TEMP 项目进行的调查中,重点关注了 2008 年以来批准的具有 TEMP 的项目,其中有 90% 计划收集和报告可靠性数据(DOT&E 近期进行的评估也有类似的结果,特别是美国国防部,2013)。此外,这些 TEMP 更有可能:①具有批准的系统工程计划;②将可靠性作为测试策略的一个要素;③在 TEMP 中记录其可靠性提升策略;④TEMP 中包括可靠性提升曲线;⑤建立基于可靠性的里程碑或运行测试入口标准;⑥收集和报告可靠性数据。不幸的是,可能是因为防务系统的开发时间太长,或者可能是因为报告和实践之间脱节,所以在满足可靠性阈值的系统的百分比方面还没有显著的提高。另外,没有证据表明正在使用可靠性指标标准来确保可靠性提升的程序将使系统达到所需的水平。因此,虽然各系统继续进入运行测试,但并没有证据能证明它们所需的可靠性是否满足。

生命周期成本和 RAM 要求

国防科学委员会(美国国防部,2008a)的开发测试和评估研究也帮助启动了 4 项活动:①建立系统工程论坛;②建立可靠性提升培训机构;③建立可靠性高级指导小组;④建立国防部助理副部长(系统工程)的职位。

国防科学委员会的这项研究使得负责采办、技术与后勤的国防部副部长(USD AT&L)生成了一份备忘录:"实施一个生命周期管理框架"(美国国防部,2008c)。这份备忘录指示了各个服务部门应从 4 个方面制定政策来进行下列工作。

第一,所有主要的国防采购计划都是为了确定装备可靠性和所有权成本而建立目标的。要做到这一点,就必须在需求和采购部门之间进行有效的协作,以平衡供资和时间安排,同时确保系统适合预期的操作环境。此外,资源也必须调整,以达到准备状态。第二,可靠性性能将在整个项目生命周期中被跟踪。第三,服务是确保开发合同和采购计划在系统设计期间评估 RAM。第四,服务部门要评估合同激励机制的适当使用情况,以实现 RAM 目标。2008 年 DOT&E 年度报告(美国国防部,2008d,第 iii 页)强调了新的方法:

……新的 T&E 测试和评估政策的一个基本规则是,必须在系统生命周期的开始阶段提供专业知识,以供早期的学习。当修正最容易时,运行视角和运行压力可以帮助企业在开发的早期发现失效模式。实现这一目标的一个关键是要在集成 T&E 方面取得进展,即尽早将运行视角融入到所有活动中去。这是现在的政策,但剩下的挑战之一就是将这一政策转化为有意义的实际应用。

2008 年 12 月,美国 AT&L 就防务系统收购发布了"指令"(美国国防部,

2008e)。该指令修改了 DODI 5000.026①,要求项目经理制定一个"可行的 RAM 策略,该策略将可靠性提升计划作为设计和开发的一个组成部分"(第 19 页)。该指令指出,正如该方案的系统工程计划(SEP)和生命周期维持计划(LCSP)中所记录的那样,RAM 将被整合到系统工程过程中,并在技术审查、测试和评价以及方案支持审查期间对进展情况进行评估。该指令指出(第 vi 页):

> 为使本政策指导有效,服务机构必须将早期 RAM 规划的正式要求纳入其规定,并确保个别系统的开发计划包括可靠性提升和可靠性测试;最终系统必须在运行测试中证明自己。将 RAM 计划纳入服务管理的工作并不平衡。

2009 年,《武器系统采购改革法案》(WSARA,P. L. 111-23)要求采购项目制定可靠性提升计划②。其规定,系统工程总监的职责是制定"使用系统工程的方法来提高主要国防采办项目的可靠性、可用性和可维护性的政策和指导方针,并且在 RFP 中列入有关系统工程和可靠性提升的规定"(第 102 节)。

WSARA(美国国防部,2009a)也表示,需要并应该提供足够的资源(第 102 节):

> ……包括一个强大的计划,作为设计和开发的一个组成部分,以提高可靠性、可用性、可维护性和可持续性,……在联合能力综合开发系统(JCIDS)过程中确定系统工程要求,包括可靠性、可用性、可维护性、生命周期管理和可持续性要求,并将这些系统工程要求纳入每个主要防务采购计划的合同要求中。

在 WSARA 通过之后不久,制定了 RAM 成本(RAM-C)手册(美国国防部,2009b),以指导现有的可靠性、可用性和可维护性要求的发展,从而确定具有适应性/可持续性的关键性能参数和关键系统属性。RAM-C 手册包含:

(1) RAM 规划和评估工具,首先评估提出的 RAM 方案的充分性,然后监测实现方案目标的进展情况。此外,美国国防部还赞助开发了一些工具,以估算在可靠性方面所需的投资以及在降低整个生命周期成本方面可能获得的投资回报。这些工具包括估算在可靠性上应该花费多少的算法。

(2) 为使人员重新获得过去几年失去的专业知识而采取的恢复工作人员和专业知识的举措减少了政府对 RAM 监督的重要性。

---

① 请参阅第 9 章的讨论。国防采办系统的运行说明 5000.02,请参见 http://www.dtic.mil/whs/directives/corres/pdf/500002_interim.pdf[2013 年 12 月]。

② P. L. 111-23 参见 http://www.acq.osd.mil/se/docs/PUBLIC-LAW-111-23-22MAY2009.pdf [2014 年 1 月]。

在2010年，DOT&E发布了样本RFP和合同语言，以帮助确保系统设计和开发合同中包含可靠性提升。DOT&E还赞助开发可靠性投资模型（参见Forbes等，2008），并开始起草可靠性计划手册HB-0009，以帮助实施ANSI/GEIA-STD-0009。TechAmerica可靠性计划手册TA-HB-0009于2013年5月发布并出版。

2010年6月30日，DOT&E发布了一份备忘录《可靠性状态》，强烈指出维持成本通常远高于总系统成本的50%，而不可靠的系统由于需要备用系统而具有更高的维持成本，增加的维修、更多的维修元件、更多的维修设施和更多的工作人员都是成本增加的原因（美国国防部，2010）。此外，低可靠性妨碍了作战人员的有效性（第1~2页）：

例如，早期步兵旅战斗队（E-IBCT）的无人机系统（UAS）显示系统中止的平均时间是1.5h，小于规定的1/10。这将需要129个备用无人机提供足够的数量以支持该旅的行动，这显然是不可行的。如果在后期设计测试中发现这种失效（就像现在的政策一样），那么计划必须转向新的时间表和预算，以便重新设计和开发新产品。例如，将F-22的可靠性提升到可接受的水平需要7亿美元。

但是，这份备忘录也指出，系统可靠性的提升也会付出代价。一个可靠的系统可以更重更昂贵，但有时提升的可靠性不会增加战场效能，因此是一种浪费。备忘录还讨论了承包商的作用（第2页）：

除非确信政府预计并要求所有投标人采取行动并提前投资开发可靠的系统，否则业界不会竞投可靠的产品。为了获得可靠的产品，专家组必须保证出价高的供应商的产品的可靠性胜过出价便宜的供应商的产品的可靠性。

备忘录还强调，可靠性约束必须"尽可能地向前推进"，这意味着越早发现与设计相关的可靠性问题，纠正这些问题的成本就越低，而且对该系统的完成影响越小。最后，备忘录指出，所有国防部采购合同至少需要满足ANSI/GEIA STD-0009（美国信息技术协会，2008）的系统工程实践。

两项促进可靠性提升的主要举措：
ANSI/GEIA-STD-0009和DTM11-003
ANSI/GEIA-STD-0009：解决可靠性缺陷的标准

ANSI/GEIA-STD-0009（美国信息技术协会，2008）是一份最新的文件，其可以作为国防部目前的标准。它以一个声明开始，即用户的需求由4个可靠性

目标(第1页)表示:

(1)开发人员应征求、调查、分析、理解并同意用户要求和产品需求。

(2)开发人员应使用定义明确的可靠性和系统性工程过程来开发、设计和验证系统/产品是否满足用户记录的可靠性要求和需求。

(3)多功能小组在生产过程中应当验证开发人员在部署前是否符合用户的可靠性要求和需求。

(4)多功能小组应监测和评估实际系统/产品的可靠性。

ANSI/GEIA-STD-0009为了满足上述4个目标,就承包商提供的几份文件(包括可靠性程序计划(RPP))提供了详细的建议。为了满足目标(1),即了解客户/用户的要求和限制,RPP应(美国信息技术协会,2008,第15页):

(1)定义全面实施可靠性计划所需的所有资源(如人员、资金、工具和设施)。

(2)在整个系统/产品生命周期中制定协调一致的时间表,以执行所有可靠性活动。

(3)包括对在整个系统/产品生命周期内确保系统/产品可靠性成熟和管理所需的所有可靠性活动。功能、文档、流程和策略的详细描述。

(4)记录用于核查已规划活动的执行情况以及用于审查和比较其状况和结果的程序。

(5)管理潜在的可靠性风险,例如由于新技术或测试方法所造成的风险。

(6)确保可靠性分配、监控条款和影响可靠性的输入(如用户和环境负载)流向分包商和供应商。

(7)包括为改变计划和加强可靠性改进工作而制定的应急计划标准和决策。

(8)至少包括贯穿本标准的规范性活动。

(9)酌情包括客户指定的其他规范性活动。

此外,标准还规定,RPP"应处理目标1~4中确定的所有规范活动的实施"。该标准要求RFP在采购建议书中包含系统或产品可靠性模型和要求的说明,这意味着需要说明所使用的方法和工具、详细的应力数值以及模型的损害程度、何时及如何更新模型和要求以应对设计演变和失效模式的出现、如何使用模型和要求来优先考虑设计要素。该标准还要求建议书包括对工程过程的描述,其中包括如何将可靠性改进纳入设计中,如何确保影响可靠性设计的规则得到遵守,如何确定、管理和控制可靠性关键项目,以及如何进行监控和评估设计变更对可靠性的影响。此外,该标准还要求建议书包括对生命周期负载的评估、这些负载对子系统和元件的影响、失效模式和机制的识别、闭环失效模式缓解过程的描述、何时及如何进行可靠性评估、设计计划、生产和现场可靠性验证、失效定义和评分、技术评审以及产出和记录。

关于最后一点，研究小组注意到生命周期负载可能难以预测。例如，在越野演习中设计为可靠的卡车在长时间的公路旅行中可能不太可靠。一般来说，系统的实际生命周期可能包括系统执行的新任务。对于某些系统，从测试中得出这样的结论可能是适当的，即它对某些情况是可靠的，而对另一些情况则是不可靠的。这种说法与该系统在某些操作情况下是有效的但在其他情况下则不然的说法相似。对所有可能的任务来说，系统可靠性可能过于昂贵；不同的任务可能有不同的可靠性需求。

该标准提供了目标(2)满足的更多细节：可靠性的设计和重设。目标是确保使用定义良好的可靠性工程流程来开发、设计、制造和维护系统/产品，以满足用户的可靠性要求和需求。这包括系统初始概念的可靠性模型，系统的量化可靠性需求，初始可靠性评估，用户和环境生命周期负载，失效定义和评分标准，可靠性项目计划以及可靠性需求验证策略。此外，还包括更新RPP，改进可靠性模型，包括对子系统和元件的可靠性分配，细化后的用户和环境负荷，子系统和元件的初始估计负荷，给定基于系统全生命周期产生的系统失效模式的工程分析和测试数据，验证缓解这些失效模式的数据，可靠性需求验证策略的更新以及可靠性评估的更新。

该标准还指出，开发人员应该开发一个将元件级可靠性与系统级可靠性相关联的模型。另外，一旦开发开始，应立即确定失效模式和机制。分析测试或实际发生的失效，直到确定失效机制的根本原因。另外，开发人员必须利用闭环失效缓解过程。开发人员（第26页）：

……应在整个组织内采用一种监测和沟通机制：①描述测试和现场失效；②分析失效模式和失效机制的根本原因；③设计和/或处理纠正措施和风险缓解决策的状态。这个机制应该由客户访问……开发人员应在整个生命周期中定期评估系统/产品的可靠性。分析、建模和仿真以及测试得到的可靠性评估应作为时间的函数进行跟踪，并与客户的可靠性需求进行比较。应对纠正措施的实施情况进行核实，并对其有效性进行跟踪。适用时应使用正式的可靠性提升方法……以便进行计划、跟踪和项目可靠性改进……开发人员应计划和开展活动以确保符合设计的可靠性需求……对于复杂的系统/产品，这个策略应包括在开发过程中的不同阶段要达到的可靠性值。验证应基于分析、建模和仿真、测试或混合的结果……测试应具有实际操作性。

对于目标(4),为了监测和评估用户的可靠性,ANSI/GEIASTD-0009指示RFP要求建议书应包括可以将实际性能用作反馈回路以提高系统可靠性的方法。

DTM 11-003:改进可靠性分析、计划、跟踪和报告

如上所述,现场系统可靠性的不足可能至少部分是由于建议书对初始和通过测试达到可靠性需求的计划给予的关注不足。DTM 11-003(美国国防部,2011b,第1~2页)也解决了这个问题,它"放大了参考文献(b)(国防部指令5000.02)中的程序,旨在改进可靠性分析,并对其进行计划、跟踪和报告"。它"制定可靠性计划方法和报告要求的关键采购活动的时间安排,以监控可靠性提升"。

DTM 11-003规定了6个程序要求(第3~4页):

(1)项目经理(PM)必须使用适当的可靠性提升战略,制定全面的可靠性和可维护性(R&M)计划,以提高R&M绩效,直到满足R&M要求。该计划包含的工程活动有:R&M分配、框图和预测;失效定义和评分标准;失效模式、影响和关键性分析;可维护性和内置测试演示;系统和子系统级别的可靠性提升测试;以及通过设计、开发、生产和维护来确定失效报告和纠正措施系统。R&M计划是系统工程过程的一个组成部分。

(2)国防部主要部门和项目经理或同等部门应根据参考文献(c)(《国防部可靠性、可用性、可维修性和成本理由报告手册(2009)》)编制初步可靠性、可用性、可维修性和成本理由报告以匹配里程碑(MS)的决策。该报告为可靠性需求提供量化基础,并改进了成本估算和项目计划。

(3)MS A之前的技术开发策略和MS B和MS C之前的采购策略应指定如何将替代方案分析和能力开发文档维持关键性能参数阈值所导致的设备解决方案的维持特性转换为R&D设计要求和合同规范。这些策略还应包括需求建议书中应说明的任务和程序,承包商必须使用这些任务和程序来证明可靠性设计要求的实现。测试和评估策略以及测试和评估总体规划(TEMP)应规定如何在相关的采购阶段对可靠性进行测试和评估。

(4)可靠性提升曲线(RGC)应反映可靠性提升策略,并用于规划、说明和报告可靠性提升。RGC应包括在里程碑A(MS A)时的系统工程计划(SEP)中,并

在 MS B 开始的测试和工程总体计划(TEMP)中更新。RGC 将在一系列中期目标中呈现并通过完全集成的系统级测试和评估事件进行追踪,直到达到可靠性阈值。如果单一曲线不足以描述整个系统的可靠性,则将为关键子系统提供曲线,并提供选择依据。

(5) 项目经理和运行测试机构应评估系统在初始运行测试和评估期间达到可靠性阈值所需的可靠性提升,并在 MS C 时将评估结果报告给里程碑决策机构。

(6) 在整个采购过程中应监控和报告可靠性提升。作为正式设计审查过程的一部分,项目经理在项目支持审查期间和系统工程技术审查期间,应报告可靠性目标和(或)阈值的状态。RGC 将被用来报告国防采办执行系统的可靠性提升状况。

批 判

2011 年 DOT&E 的年度报告(美国国防部,2011a,第 iv 页)指出,系统可靠性的一些变化正在变得明显:

2010 财年 TEMP 中有 65% 记录了可靠性战略(其中 35% 包括可靠性提升曲线),而 2009 财年仅有 20% 记录了可靠性战略。此外,有 3 个 TEMPS 被拒绝,理由是需要额外的可靠性文件,另有 4 个 TEMPS 被批准,并要求下一个修订版必须包含更多关于该计划可靠性提升战略的信息。

ANSI/GEIA – STD – 0009 和 DTM 11 – 003 都有助于生产高可靠性的防务系统,其重要目的是:①具有更合理的可靠性需求;②更有可能在设计和开发中满足这些要求的能力。但是,考虑到它们的预期目的,这些是相对一般的文件,并没有具体说明如何满足这些要求。例如,ANSI/GEIA – STD – 0009(美国信息技术协会,2008,第 2 页)"没有详细说明如何设计高可靠性的系统/产品。它也没有规定开发人员用来实现程序要求的方法或工具。"

要做的裁剪将取决于"客户的资金概况,开发商的内部政策和程序以及客户和开发商之间的谈判"(第 2 页)。提案包括可靠性项目计划,概念可靠性模型,初始可靠性下降要求,初始系统可靠性评估,候选可靠性贸易研究以及可靠性需求验证策略。但没有迹象表明应该如何开展这些活动。对于只存在于图表中的系统,如何产生初始可靠性评估? 可靠性计划的有效设计包括什么? 在开发中几乎没有发生与操作有关的测试事件时,应该如何追踪可靠性? 如何确定一个测试计划是否足以使系统具有给定的初始可靠性？如何通过测试分析与维修来使系统的可靠性提高到要求的水平？人们如何知道系统的原型何时可以进行运行测试？

虽然目前已经制定了《TechAmerica 可靠性计划手册（TA – HB – 0009, 8）》[①]，其至少部分回答了上述问题。在此基础上，本书的一个主要目标是协助提供更多的细节，说明应如何执行其中一些步骤。

---

① 该手册可参见 http：//www.techstreet.com/products/1855520［2014 年 8 月］。

参考文献

Adolph, P., DiPetto, C. S., and Seglie, E. T. (2008). Defense Science Board task force developmental test and evaluation study results. ITEA Journal, 29, 215 – 221.

Forbes, J. A., Long, A., Lee, D. A., Essmann, W. J., and Cross, L. C. (2008). Developing a Reliability Investment Model: Phase II—Basic, Intermediate, and Production and Support Cost Models. LMI Government Consulting. LMI Report # HPT80T1. Available: http://www.dote.osd.mil/pub/reports/HPT80T1_Dev_a_Reliability_Investment_Model.pdf [August 2014].

Information Technology Association of America. (2008). ANSI/GEIA – STD – 0009. Available: http://www.techstreet.com/products/1574525 [October 2014].

U. S. Department of the Army. (1996). Pamphlet 73 – 2, Test and Evaluation Master Plan Procedures and Guidelines. Available: http://acqnotes.com/Attachments/Army%20TEMP%20Procedures%20and%20Guidlines.pdf [October 2014].

U. S. Department of Defense. (2007a). FY 2007 Annual Report. Office of the Director of Operational Training and Development. Available: http://www.dote.osd.mil/pub/reports/FY2007/pdf/other/2007DOTEAnnualReport.pdf [January 2014].

U. S. Department of Defense. (2007b). Memorandum, Reliability of U. S. Army Materiel Systems. Acquisition Logistics and Technology, Assistant Secretary of the Army, Department of the Army. Available: https://dap.dau.mil/policy/Documents/Policy/Signed%20Reliability%20Memo.pdf [January 2014].

U. S. Department of Defense. (2008a). Report of the Defense Science Board Task Force on Developmental Test and Evaluation. Office of the Under Secretary of Defense for Acquisitions, Technology, and Logistics. Available: https://acc.dau.mil/CommunityBrowser.aspx? id = 217840 [January 2014].

U. S. Department of Defense. (2008b). Report of the Reliability Improvement Working Group. Office of the Under Secretary of Defense for Acquisition, Technology, and Logistics. Available: http://www.acq.osd.mil/se/docs/RIWG – Report – VOL – I.pdf [January 2014].

U. S. Department of Defense. (2008c). Memorandum, Implementing a Life Cycle Management Framework. Office of the Undersecretary for Acquisition, Technology, and Logistics. Available: http://www.acq.osd.mil/log/mr/library/USD – ATL_LCM_framework_memo_31Jul08.pdf [January 2014].

U. S. Department of Defense. (2008d). FY 2008 Annual Report. Office of the Director of Operational Training and Development. Available: http://www.dote.osd.mil/pub/reports/FY2008/pdf/other/2008DOTEAnnualReport.pdf [January 2014].

U. S. Department of Defense. (2008e). Instruction, Operation of the Defense Acquisition System. Office of the Undersecretary for Acquisition, Technology, and Logistics. Available: http://www.acq.osd.mil/dpap/pdi/uid/attachments/DoDI5000 – 02 – 20081202.pdf [January 2014].

U. S. Department of Defense. (2009a). Implementation of Weapon Systems Acquisition Reform Act (WSARA) of 2009 (Public Law 111 – 23, May 22, 2009) October 22, 2009; Mona Lush, Special Assistant, Acquisition Initiatives, Acquisition Resources & Analysis Office of the Under Secretary of Defense for Acquisition, Technology, and Logistics.

U. S. Department of Defense. (2009b). DoD Reliability, Availability, Maintainability – Cost (RAM – C) Report Manual. Available: http://www. acq. osd. mil/se/docs/DoD – RAM – C – Manual. pdf [August 2014].

U. S. Department of Defense. (2010). Memorandum, State of Reliability. Office of the Secretary of Defense. Available: http://web. amsaa. army. mil/Documents/OSD% 20Memo% 20 – % 20State% 20of% 20Reliability% 20 – %206 – 30 – 10. pdf [January 2014].

U. S. Department of Defense. (2011a). DOT&E FY 2011 Annual Report. Office of the Director of Operational Test and Evaluation. Available: http://www. dote. osd. mil/pub/reports/FY2011/ [January 2014].

U. S. Department of Defense. (2011b). Memorandum, Directive – Type Memorandum (DTM) 11 – 003—Reliability Analysis, Planning, Tracking, and Reporting. The Under Secretary of Defense, Acquisition, Technology, and Logistics. Available: http://bbp. dau. mil/doc/USD – ATL% 20Memo% 2021Mar11% 20DTM% 2011 – 003% 20 – %20Reliability. pdf [January 2014].

U. S. Department of Defense. (2013). DOT&E FY 2013 Annual Report. Office of the Director of Operational Test and Evaluation. Available: http://www. dote. osd. mil/pub/reports/FY2013/ [January 2014].

附录D 相关评论文章

关于 MIL – HDBK – 217 的评论
安托·彼得,迪亚塔·达斯和迈克尔·佩克特[①]

本文首先简要介绍了电子元件可靠性预测和 MIL – HDBK – 217 的发展历史。然后,回顾了 MIL – HDBK – 217 及其后续文件的一些具体细节,并总结了 MIL – HDBK – 217 和类似方法的主要缺陷。然后,通过对案例研究的回顾,证明这些缺点对 MIL – HDBK – 217 和类似方法获得的预测结果的影响。最后,本文简要回顾了 RIAC 217 Plus,并指出了这种方法的缺点。

历 史

试图测试和量化电子元件的可靠性开始于20世纪40年代的第二次世界大战期间。在此期间,电子管是电子系统中最容易出现失效的元件(McLinn,1990;Denson,1998)。这些失效导致了各种研究和特设小组的成立,以确定如何改进电子系统的可靠性。其中一个小组的结论是,为了提高性能,元件的可靠性需要在全面生产之前通过测试来验证。可靠性需求的规范反过来又导致了在设备建造和测试之前需要一种估算可靠性的方法。这一步是电子产品可靠性预测的开始。到20世纪60年代,在冷战事件和太空竞赛的激励下,可靠性预测和环境测试成为了一个完整的专业学科(Caruso,1996)。

美国无线电公司(RCA)发布了第一个关于可靠性预测的档案,被称为 TR – 1100,即电子设备的可靠性应力分析。RCA 是电子管的主要制造商之一(Saleh

---

① 作者来自马里兰大学高级生命周期工程中心。

和 Marais,2006)。该报告提出了用于估算元件失效率的数学模型,并成为未来几十年可靠性预测的标准和强制要求 MIL-HDBK-217 的前身。

首次使用 MIL-HDBK-217 方法是对失效率的一个点估计,通过对现场失效数据进行拟合来估计失效率。不久之后,所有的可靠性预测都基于这本手册,所有其他的失效率来源,如独立实验的失效率,都逐渐消失(Denson,1998)。没有使用其他来源的部分原因是 MIL-HDBK-217 通常是一份合同引用的文件,使得承包商很难灵活地使用其他来源。

大约在同一时间,一种不同的可靠性评估方法开始出现,其侧重于元件失效的物理过程。这种方法后来被称为"物理失效学"。第一次关于"物理失效学"的研讨会由罗马航空发展中心(RADC)和 IIT 研究所(IITRI)于 1962 年主办。

失效数据的回归分析与物理失效学的可靠性预测似乎是有分歧的,"系统工程师致力于规定、分配、预测和展示可靠性的任务,而物理失效学工程师和科学家们正在致力于识别和模拟失效的物理原因"(Denson,1998,第 3213 页)。推动物理失效学方法发展的结果是努力开发用于 MIL-HDBK-217 可靠性预测的新模型。这些新方法被认为过于复杂和不切实际。因此,尽管 RADC 接管了编制 MIL-HDBK-217B 的责任,但是物理失效模型并未被纳入修订。

如表 D-1 所列,在 20 世纪 80 年代,MIL-HDBK-217 被更新了几次,通常包括更新元件和更复杂、更密集的微电路。原来为电子管估算的失效率现在不得不更新以考虑设备的复杂性。因此,MIL-HDBK-217 预测方法的发展假定失效发生的时间是服从指数分布的,并使用数学曲线拟合得出每个元件类型的恒定失效率。

在 20 世纪 80 年代后期,还开发了使用微电路的栅极和晶体管计数作为其复杂性的衡量标准的可靠性模型(Denson 和 Brusius,1989)。这些模型是为支持新的 MIL-HDBK-217 更新而开发的。然而,栅极和晶体管的数量最终达到了如此大的值,它们不能再被有效地用来作为复杂性的指标。这导致了更新的可靠性模型需要输入参数,例如缺陷密度和模具的成品率。但是这些与流程相关的参数是公司特有的和商业敏感的,因此难以获得。所以,这些模型不能被纳入 MIL-HDBK-217。基于类似的原因,物理失效模式也从未被纳入 MIL-HDBK-217。

表 D-1 MIL-HDBK-217 的修订版及其要点

MIL-HDBK-217 修订版	修订年份和主管组织	要点
217A	1965 年 12 月 海军	所有单片集成电路的单点恒定失效率为 0.4 次/百万小时
217B	1973 年 7 月 空军罗马实验室	空军简化的 RCA/波音模型服从指数分布
217C	1979 年 4 月 空军罗马实验室	内存不足,例如当模型 RAM 由 4K 外推到 64K,预测的 MTBF = 13s
217D	1982 年 1 月 空军罗马实验室	没有技术上的改变
217E	1987 年 10 月 空军罗马实验室	没有技术上的改变
217F	1995 年 12 月 空军罗马实验室	马里兰大学 CALCE 推荐改变方向的 MIL-HDBK-217 和可靠性预测

几乎在同一时间,在 20 世纪 80 年代,其他行业,特别是汽车和电信行业,开始采用 MIL-HDBK-217 形成自己的预测方法和标准。这些调整的唯一主要区别在于,这些方法是针对特定条件下的专用设备而定制的。然而,它们仍然是基于失效的指数分布的假设和曲线拟合来获得一般关系的。这种做法并不令人意外,因为贝尔实验室和贝尔通信研究公司(Bellcore)是电信可靠性预测方法的主要开发者。贝尔实验室也是 20 世纪 50 年代海军最初资助的调查电子管可靠性的实验室之一,该调查最终起草了 MIL-HDBK-217。因此,随着汽车和电信行业越来越多地采用与 MIL-HDBK-217 相似的方法,该手册在商业领域的实践也越来越多。虽然正在发生这种情况,但也有一些研究人员拥有的实验数据证明,以手册为基础的方法在其假设中存在根本性的缺陷。然而,这些缺陷往往被解释为异常或标记为无效。

到了 20 世纪 90 年代,该手册正在努力跟上新的元件和技术进步的步伐。1994 年,美国军事规范和标准改革(MSSR)的启动引发了重大进展。MSSR 确定 MIL-HDBK-217 是"需要优先采取行动的唯一标准,因为它被认定为商业流程的障碍,也是防务采办的主要成本动因"(Denson,1998,第 3214 页)。尽管如此,在 20 世纪 90 年代还没有制定最终的模型来补充或取代 MIL-HDBK-217。相反,1995 年以 MIL-HDBK-217F 形式对手册进行了最终修订。

在这个阶段,基于手册的方法在选择元件和考虑失效的本质时已经过时了。

在20世纪90年代,电子系统比20世纪60年代编写手册时复杂得多。失效率不再由元件决定,而是由系统级因素(如制造、设计和软件接口)决定。基于对系统关键失效机理和物理基础失效的新认识,MIL-HDBK-217被发现完全无法应用于预测系统可靠性。

时间进入21世纪,直到2013年,基于MIL-HDBK-217的方法仍然被业界用于预测可靠性并提供平均失效时间和平均失效间隔时间(MTTF和MTBF)等指标。尽管用于评估指标的方法和失效率数据库都过时了,但这些指标仍被用作可靠性的估计。

MIL-HDBK-217最后更新时的典型特征尺寸为500nm的数量级,而当今市售的电子封装具有22nm的特征尺寸(例如,Intel Core i7处理器)。此外,在上次修订MIL-HDBK-217版本时,许多元件,包括有源和无源元件,例如现在很常见的铌电容器和绝缘栅双极晶体管(IGBTs),还没有被发明出来。毋庸置疑,现在系统的元件及其使用条件、失效模式和机制以及失效率与MIL-HDBK-217开发的元件大不相同。因此,行业对这些手册方法的继续应用是错误的,是在误导消费者和设计者。其解决方案不是像RIAC 217 Plus那样开发更新的手册,而是承认确定性模型无法预测可靠性。基于MIL-HDBK-217方法的使用已被证明对整个可靠性工程界是有害的。

MIL-HDBK-217及其进展

在本节中,研究小组回顾了可靠性预测的不同标准和方法,并将它们与IEEE 1413.1,即《基于IEEE标准1413(IEEE可靠性标准委员会,2010)开发和评估可靠性预测指南》的最新草案进行了比较。大多数基于手册的预测方法可以追溯到MIL-HDBK-217,并被视为是其后续文件。如上所述,MIL-HDBK-217基于曲线拟合历史失效数据的数学模型来确定元件的恒定失效率。它的后代也使用类似的预测方法,这些方法纯粹是基于实际拟合曲线或测试失效数据。与MIL-HDBK-217类似,这些方法使用某种形式的恒定失效率模型:它们不考虑实际的失效模式或机制。因此,这些方法仅适用于系统或元件显示相对恒定失效率的情况。表D-2列出了一些被认为是MIL-HDBK-217相关的可靠性预测方法和应用。

在大多数情况下,这些手册技术(从MIL-HDBK-217改编而来)所使用的失效率关系采取 $\lambda_p = f(\lambda_G, \pi_i)$ 的形式,其中: λ_p 是计算出的恒定元件失效率; λ_G 是由手册提供的恒定元件失效率(也称为基本失效率); π_i 是假定的恒定失效率的一组调整因子。所有这些手册方法要么提供了一个恒定的失效率,要么提供了计算它的方法。计算恒定失效率的手册方法使用一个或多个乘法调整因子(可能包括零件质量、温度、设计或环境因素)来修改给定的恒定失效率。

表 D-2 MIL-HDBK-217 相关的可靠性预测方法和应用

程序方法名称	应用领域	状态
MIL-HDBK-217	军事	活跃
Telcordia SR-332	电信	活跃
CNET	地面军事	取消
RDF-93 and 2000	民用设备	活跃
SAE Reliability Prediction	汽车	取消
British Telecom HRD-5	电信	取消
Siemens SN29500	西门子产品	取消
NTT Procedure	商业和军事	取消
PRISM	航空和军事	活跃
RIAC 217Plus	航空和军事	活跃
FIDES	航空和军事	活跃

手册中的恒定失效率是通过对实际数据进行线性回归分析而获得的。回归分析的目的是量化恒定元件失效率和自变量之间的预期理论关系。分析的第一步是检查所有变量的相关矩阵,显示因变量(恒定失效率)和每个自变量之间的相关性。回归分析中使用的自变量通常包括设备类型、封装类型、筛选级别、环境温度和应用程序应力等因素。第二步是对数据应用逐步多元线性回归,将恒定失效率表示为相关自变量及其各自系数的函数。这是涉及上述 π 因素评估的步骤。然后使用回归公式和输入参数计算恒定失效率。

回归分析不会忽略缺少重要信息的数据条目,因为数据稀缺需要使用所有可用的数据。为了在回归分析中容纳这样的数据条目,当所需信息不可用时,可以针对每个潜在因素构建单独的"缺失"类别。考虑到它是一个独特的操作条件,可以计算每个"缺失"类别的回归因子。如果未知类别的系数明显小于下一个较低类别或大于下一个较高类别,那么所述因子不能由可用数据量化,并且需要额外数据才能对该因子进行充分评估(标准 IEEE 可靠性委员会,2010)。

通过消除来自手册预测模型的所有与操作相关的应力,例如温度升高或电应力比,可以推断非操作条件的恒定失效率模型。在出现与使用缺失数据有关的问题之后,使用诸如 MIL-HDBK-217 之类的手册计算的恒定失效率,是源数据在收集范围之外的经验关系的一种推断。换句话说,基于MIL-HDBK-217的恒定失效率不适用于与存储和处理有关的失效。

表D-3列出了各种手册方法所使用的典型失效率计算。尽管对于环境和特定应用的加载条件进行了修改,但是这些方法中的大多数具有与MIL-HDBK-217非常相似的形式。以下几节简要介绍了其中的一些方法。

表D-3 手册方法所使用的典型失效率计算

方法	微电子器件的失效率
MIL-HDBK-217(零件数量)	$\lambda = \lambda_G \lambda_Q \Pi_L$
MIL-HDBK-217(零件应力)	$\lambda = \Pi_Q(C_1 \Pi_T \Pi_V + C_2 \Pi_E)\Pi_L$
SAE PREL	$\lambda_p = \lambda_b \Pi_Q \Pi_S \Pi_T \Pi_E$
Telcordia SR-332	$\lambda = \lambda_G \lambda_Q \Pi_S \Pi_T$
British Telecom HRD-5	$\lambda = \lambda_b \Pi_T \Pi_Q \Pi_E$
PRISM	$\lambda_p = \lambda_{IA}(\Pi_P + \Pi_D + \Pi_M + \Pi_S) + \lambda_{SW} + \lambda_W$
CNET(简化版)	$\lambda = \Pi_Q \lambda_A$
CNET(压力模型)	$\lambda_p = (C_1 \Pi_t \Pi_T \Pi_V + C_2 \Pi_B \Pi_E \Pi_\sigma)\Pi_L \Pi_Q$
Siemens SN29500	$\lambda = \lambda_b \Pi_U \Pi_T$

注:Π_L 为学习因子;Π_T 为温度因子;Π_E 为环境因子;Π_Q 为品质因子;C_1 为模具复杂度;C_2 为包件复杂度。有关更多详情,请参阅美国国防部(1991)。

MIL-HDBK-217F

MIL-HDBK-217提供了两种恒定失效率预测方法:零件数量和零件应力。基于曲线拟合从实际操作和测试获得的经验数据的MIL-HDBK-217F零件应力方法提供了恒定失效率模型。这些模型具有恒定基本失效率,其由环境、温度、电气应力、质量和其他因素所改变。两种方法都基于表达式 $\lambda_p = f(\lambda_G, \pi_i)$,但零件应力方法假定一般恒定失效率没有调节变量。MIL-HDBK-217方法仅提供元件的结果,而不是设备或系统的结果。

TELCORDIA SR-332

Telcordia SR-332是贝尔通信研究公司(或Bellcore)主要为电信公司开发的可靠性预测方法(Telcordia Technologies,2001)。该方法的最新版本是2011年

1月发行的第3期。Telcordia SR-332 的目的是"记录预测设备和单元硬件可靠性(以及)预测串行系统硬件可靠性的推荐方法"(Telcordia Technologies,2001,第1-1页)。该方法基于商业电信系统的经验统计建模,其物理设计、制造、安装和可靠性保证实践均符合适当的 Telcordia(或等同)通用和系统特定的要求。一般来说,Telcordia SR-332 采用 MIL-HDBK-217 中的公式来表示电信设备的实际使用条件。结果是作为一个恒定失效率提供的,手册提供了90%的置信水平下恒定失效率的点估计值。

MIL-HDBK-217 和 Telcordia SR-332 的主要概念是相似的,但 Telcordia SR-332 还能够将贝叶斯分析方法中的老化数据、真实数据和实验室测试数据纳入其中,该分析方法既包括先前的信息,也包括观测数据,以生成最新的后验分布。例如,Telcordia SR-332 包含一个"第一年乘数"表(Telcordia Technologies,2001,第2-2页),该表是一个零件在第一年的失效次数与另一年(稳定状态)运行中的失效次数的预测比率。SR-332 中的这个表格包含了工厂中各零件设备的老化时间。零件的总老化时间是零件、单元和系统级别的老化时间之和。

PRISM

PRISM 是由可靠性分析中心(RAC)(可靠性评估中心,2001)开发的可靠性评估方法。该方法仅作为软件提供,最新版本的软件是2003年5月发布的1.5版。PRISM 使用贝叶斯技术将用户的经验数据与内置数据库相结合。在这项技术中,新的数据使用加权平均法进行组合,但没有使用新的回归分析。PRISM 可能包括一些其他因素,如界面、软件和机械问题。

PRISM 根据相似度分析计算元件级和系统级的恒定失效率,是将系统的实际生命周期特性与预定义的过程等级标准进行比较的一种评估方法,由此得到估计的恒定失效率。在 PRISM 中使用的元件模型被称为 RACRates™ 模型,依据的是历史实际数据,这些数据是随着时间的推移从各种来源中获得的,并且是在各种不明确的统计控制和验证水平下获得的。

与其他手册中的恒定失效率模型不同,RACRates™ 模型没有单独的零件质量水平因素。质量水平隐含地被称为是一种过程等级的方法。过程等级涉及了诸如设计、制造、零件采购和系统管理等因素,这些因素旨在反映已采取措施将系统失效发生的可能性降至最低的程度。

RACRates™ 模型分别考虑了以下5个因素对总元件恒定失效率的影响:①工作条件;②非工作条件;③温度循环;④焊点可靠性;⑤电气过应力(EOS)。

不用考虑电路板材料或焊接材料,焊接失效也会与模型中的其他失效相结合。这5个因素不是独立的:例如,焊点失效取决于温度循环参数。该模型计算了焊点可靠性的恒定失效率,尽管焊点失效主要是由循环疲劳引起的磨损造成的失效。

PRISM 通过几个假设计算非运行恒定失效率。假定在储存或休眠期间发生的日温度或季节温度的高低变化值是对非运行恒定失效率值的贡献最大。焊点对恒定失效率的贡献是通过将系统中每个元件的内部温升降低到零来表示的。最后,电气过应力(EOS)或静电放电(ESD)的概率贡献由 EOS 恒定失效率与占空比无关的假设表示。这个假设考虑了由于处理和运输而受 EOS 或 ESD 影响的存储元件。

FIDES 指南

FIDES 指南是在专门为法国国防部进行的军备总指挥的监督下制定的。这个方法论是由法国航空和国防领域的实业家形成的。它由以下组织编制:法国空中客车公司,欧洲直升机公司,法国地面武器工业集团,法国 MBDA 公司,泰雷兹机载系统公司,泰雷兹航空电子公司,泰雷兹研究与技术公司和泰雷兹水下系统公司。FIDES 指南旨在"对电子设备(包括在恶劣环境中运行的系统,即防务系统、航空工业、工业电子和运输)的可靠性进行切合实际的评估。FIDES 指南还旨在提供一个开发和控制可靠性的具体工具"(FIDES Group,2009)。

FIDES 指南包含两个部分:可靠性预测模型和可靠性过程控制与审计指南。FIDES 指南提供了电气、电子和机电元件的型号。这些预测模型考虑了电气,机械和热过应力。这些模型也解释了"与开发、生产、现场操作和维护相关的失效"(FIDES Group,2009)。可靠性过程控制指南解决的是整个生命周期中的程序和组织问题,但不涉及元件本身的使用。审计指南是一种通用程序,它以3个问题为基础审计一家公司,"衡量其建立可靠系统的能力,量化计算模型中使用的过程因素,并确定改进行动"(FIDES Group,2009)。

非运行恒定失效率预测

MIL-HDBK-217 没有与电子零元件和系统非运行失效相关的具体方法或数据,尽管在20世纪70年代和20世纪80年代提出了几种不同的方法进行估算。第一种方法是根据使用其他手册方法得到的工作恒定失效率来计算乘法因子。这种乘法因子的报告值为0.03或0.1。第一个数值为0.03,是从23个失效的卫星时钟失效数据未发表的研究中获得的。0.1 的值是根据 1980 年 RADC 的一项研究中获得的。RAC 采用了 RADC－TR－85－91 方法进行了跟踪研究工作。这种方法被描述为相当于非工作条件下的 MIL－HDBK－217，它包含了与当时的 MIL－HDBK－217 相同数量的环境因素和相同类型的质量因素。20 世纪 70 年代和 20 世纪 80 年代的其他一些非运行恒定失效率表包括 MIRAD-COM 报告的 LC－78－1、RADC－TR－73－248 和 NONOP－1。

IEEE 1413 和可靠性预测方法的比较

IEEE 标准 1413《电子系统和设备的可靠性预测和评估的 IEEE 标准方法》（IEEE 标准协会，2010）为各级电子设备的可靠性预测程序提供了一个框架。它侧重于硬件可靠性预测方法，特别排除软件可靠性、可用性和可维护性、人的可靠性以及专有可靠性预测数据和方法。IEEE 1413.1《基于 IEEE1413 的选择和使用可靠性预测指南》（IEEE 标准协会，2010）有助于选择和使用符合 IEEE 1413 标准的可靠性预测方法。表 D－4 显示基于 IEEE1413 和 1413.1 标准的一些基于手册的可靠性预测方法的比较。

表 D－4 可靠性预测方法的比较

问题比较	MIL－HDBK－217F	Telcordia SR－332	217Plus	PRISM	FIDES
该方法是否确定了用来开发预测方法的来源，并描述了来源的知晓程度	是	是	是	是	是
根据所确定的方法是否使用假设进行预测，包括用于未知数据的假设	是	是	是	是	是（必须支付建模软件）
预测结果中是否存在不确定性来源	否	是	是	否	是
预测结果是否具有局限性	是	是	是	是	是
失效模式是否被识别	否	否	否	否	是的，失效模式配置文件随着使用情况而变化

续表

问题比较	MIL-HDBK-217F	Telcordia SR-332	217Plus	PRISM	FIDES
是否确定了失效机制	否	否	否	否	是
预测结果的置信度是否被确定	否	是	是	否	否
该方法是否考虑到生命周期环境条件,包括在以下方面遇到的环境条件:(a)产品使用(包括电力和电压条件);(b)包装;(c)装卸;(d)储存;(e)运输;(f)维修条件	不是,它不考虑环境的不同方面。在预测方程中存在温度因子 Π_T 和环境因子 Π_E	是的,从早期寿命到稳态运行的正常产品寿命内均正常使用的产品	否	否	是的,它考虑了所有的生命周期的环境条件
该方法是否考虑了构成零件的材料、几何结构和体系结构	否	否	否	否	是的,在每个零件模型中考虑相关的材料、几何结构等
该方法是否说明零件质量	质量水平来源于具体的与零件相关的数据和经过制造商检验的零件数量	4个质量水平是基于零元件的来源和筛选的一般	质量是在零件质量过程分级因素中考虑的	零件质量水平隐含地由过程分级因子和增长因子 P_G 来解决	是
该方法是否允许合并可靠性数据和经验	否	是的,通过加权平均的贝叶斯方法	是的,通过加权平均的贝叶斯方法	是的,通过加权平均的贝叶斯方法	是的,这可以独立于所使用的预测方法来完成
输入分析所需的数据	元件数量和运行条件(例如,温度、电压。具体取决于所使用的手册)的信息				
执行分析的其他要求	使用手册方法所需的努力相对较小,仅限于获取手册				
电子零件的覆盖范围是什么	广泛	广泛	广泛	广泛	广泛
什么样的失效概率分布被支持	指数	指数	指数	指数	阶段贡献

消息来源:改编自 IEEE 1413.1。

虽然只分析了许多失效预测方法中的 5 个,但它们是其他恒定失效率技术的代表。有一些出版物评估了预测方法的其他类似技术与使用情况。例如 O'Connor(1985a,1985b,1988,1990),O'Connor 和 Harris(1986),Bhagat(1989),Leonard(1987,1988),Wong(1990,1993,1989),Bowles(1992),Leonard 和 Pecht(1993),Nash(1993),Hallberg(1994)和 Lall 等(1997)。

但是这些方法不能识别根本原因、失效模式和失效机制。因此,这些技术对真正的可靠性问题只能提供有限的见解,并且可能会错误地指导设计可靠性的努力方向,如下列学者所证明的那样:Cushing 等(1996),Hallberg(1987,1991),Pease(1991),Watson(1992),Pecht 和 Nash(1994)以及 Knowles(1993)。以下部分将回顾手册中不同方法的主要缺点,并介绍案例研究,强调这些方法的不一致性和不准确性。

MIL-HDBK-217 的缺陷及其研究进展

自从 20 世纪 60 年代初以来,MIL-HDBK-217 有几个缺点一直受到广泛的批评。一些与手册中方法相矛盾的最初论点和结果被驳斥为欺骗性数据或来自被认为操纵的数据(McLinn,1990)。然而到了 90 年代初,就可靠性预测而言,MIL-HDBK-217 的能力受到了严重限制(Pecht 和 Nash,1994)。MIL-HDBK-217 的一个主要缺点是,预测完全基于"简单的启发式",而不是工程设计原理和物理失效学。该手册甚至不能说明不同的负载条件下系统可靠性的变化(Jais 等,2013)。此外,由于该手册主要侧重于元件级分析,因此只能处理整个系统失效率的一小部分。除了这些问题之外,如果 MIL-HDBK-217 仅用于粗略评估元件的可靠性,则需要不断更新新技术,但事实并非如此。

不正确的恒定失效率假设

MIL-HDBK-217 不管元件或系统经受的实际应力的性质如何,都假定所有电子元件的失效率是恒定的。这个假设首先源于失效数据的统计结果,而不依赖于失效的原因或性质。从那以后,在对物理失效学、失效模式和失效机制的理解方面有了重大的发展。

现在可以理解,失效率,更具体地说,危险率(或瞬时失效率)随时间而不断变化。研究表明,在常见失效机制下,受高温和高电场影响的电子元件(如晶体管)的危险率随着时间增加而增加(Li 等,2008;Patil 等,2009)。

同时,在有制造缺陷的元件和系统中,失效可能在早期就显现出来,而当这些零件有失效时,就会被屏蔽。因此,在产品的生命周期中最初可以观察到故障率的降低。因此,可以说在电子元件或系统的生命周期中,失效率是不断变化的。

McLinn(1990)和Bowles(2002)说明了恒定失效率假设背后的历史、数学性质以及有缺陷的理由。Epstein和Sobel(1954)首次对20世纪50年代初期保险业精算研究中的指数分布在模型失效率中的一些应用进行了历史回顾。由于指数分布与恒定失效率相关,这有助于简化计算,因此可靠性工程界也采用了指数分布。通过随后的广泛使用,"恒定失效率模型,无论是对是错,都成为了一种'可靠性范例'"(McLinn,1990,第237页)。McLinn注意到,一旦这种模式被采用,基于其共同信念的实践者"更多的致力于传播这种模式,而不是探究该模式本身的准确性。"(第239页)。

到20世纪50年代末和20世纪60年代初,通过实验获得了更多的测试数据。数据似乎表明当时的电子系统的失效率正在下降(Milligan,1961;Pettinato和McLaughlin,1961)。然而,恒定失效率模型支持者的自然倾向是将这些结果解释为异常,而不是提供"更充分的解释"(McLinn,1990,第240页)。诸如反向老化或持续老化(Bezat和Montague,1979;McLinn,1989)以及其他神秘的无法解释的原因被用来解释为异常。

恒定失效率模型的支持者认为,电子系统的危险率或瞬时失效率将遵循浴盆曲线——当由于制造缺陷而导致的失效被淘汰时,初始区域(称为早期失效)的失效率降低。这个阶段之后是一个恒定失效率的区域,并且在生命周期结束时,失效率会由于磨损机制而增加。这个理论将有助于调和失效率降低和恒定失效率模型之间的矛盾。当Peck(1971)公布半导体测试的数据时,他观察到持续数千小时的失效率下降趋势。据说这是由"怪胎"造成的,后来被解释为是婴儿死亡率的延长。

Bellcore和SAE使用基于恒定失效率的预测方法创建了两个标准,但是随后他们通过将早期失效率区域增加到10,000h和100,000h来调整其技术以解决这种现象(持续几千小时的失效率降低)。然而,Wong(1981)对浴盆曲线的理论进一步提出了挑战,他的工作描述了浴盆曲线的消亡。恒定失效率的支持者声称这表明挑战浴盆曲线和恒定失效率模型的数据受到欺骗性地操纵(Ryerson,1982)。这些指控只是在没有支持性的分析或解释的情况下提出的。为了调和来自当代出版物的一些结论,Wong和Lindstrom(1989)介绍了一种过山车曲线(本质上是一个改进的浴缸曲线)。McLinn(1990,第239页)指出,恒定失效率支持者所提出的论据和修改"并不总是基于科学或逻辑……但可能会不自觉地渴望遵守旧的和熟悉的模型。"图 D-1 描绘了浴盆曲线和过山车曲线。

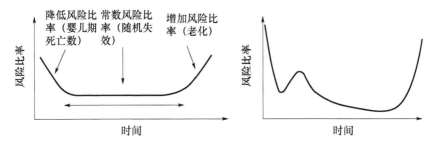

图 D-1　浴盆型曲线(左)和过山车型曲线(右)。讨论部分见文字。

关于恒定失效率假设对元件可靠性建模的适应性存在很多争议。这种方法在评估可靠性设计方面一直存在争议：例如 Blanks(1980)，Bar – Cohen(1988)，Coleman(1992)和 Cushing 等(1993)。Bowles(2002)从数学角度详细讨论了该观点。因此，全面了解如何评估恒定失效率以及隐含的假设，对于解释可靠性预测和未来设计都是至关重要的。重要的是要记住，一些手册中使用的恒定失效率模型是通过对已有失效数据或通用测试数据执行线性回归分析来计算的。这些数据和恒定的失效率并不能代表系统在现场可能遇到的实际失效率(除非环境和负载条件对于所有设备是静态的且是相同的)。由于设备可能会遇到几种不同类型的应力和环境条件，其可能会以多种方式退化。因此，电子化合物或器件的寿命可以近似为几种不同的失效机制和模式的组合，每种失效机制和模式都有自己的分布，如图 D-2 所示。

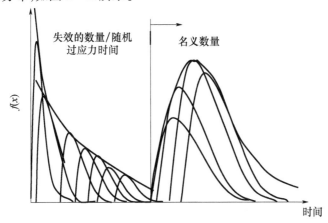

图 D-2　从物理失效率视角看浴盆型曲线和其失效率。详细解释见文字。

而且,这种退化是不确定的,所以产品在整个生命周期中的失效率是不同的。在恒定失效率模型中捕捉这种行为是不可能的。因此,基于恒定失效率假设的所有方法都有根本性的缺陷,不能用来预测实际的可靠性。

缺乏对失效、失效模式和失效机制的根本原因的思考

在假定失效率恒定之后,缺乏对失效根源以及失效模式和机制的任何考虑是 MIL – HDBK – 217 和其他类似方法的另一个主要缺点。如果没有对现场、根本原因或失效机制、负荷以及环境历史、材料和几何形状的知识或理解,计算出的失效率在可靠性预测的背景下是没有意义的。如上所述,这不仅会影响可靠性评估,还会阻碍产品设计和工艺改进。

Cushing 等(1993)指出,使用 MIL – HDBK – 217 有两个主要的后果。首先,由于影响可靠性的因果关系没有被捕获,所以这种预测方法学"并没有提供给设计者或制造者任何洞察或控制失效的实际原因。但是,所获得的失效率通常被用作逆向工程工具来满足可靠性目标。"同时,"MIL – HDBK – 217 没有涉及对可靠性有很大影响的设计和使用参数,这导致无法使用这些关键参数来进行 MIL – HDBK – 217 预测"(Cushing 等,1993,第 542 页)。

在像日本、新加坡和中国台湾这样侧重于产品改进的国家或地区(Kelly 等,1995),物理失效学是唯一用于可靠性评估的方法。与此形成鲜明对比的是,在美国和欧洲,关注"可靠性和装置失效率预测的量化更为普遍"(Cushing 等,1993,第 542 页)。这种方法已经将可靠性评估转变为数字游戏,MTBF 值和失效率的重要性高于失效原因。最常被提到的这种拒绝基于物理失效方法而赞成简单的数学回归分析的原因是物理失效模型的繁复性和复杂性。事后看来,这种对基于物理的模型的拒绝,没有对方法的优点进行全面的评估,也没有任何远见,是糟糕的工程实践。

尽管 MIL – HDBK – 217 提供的设计指导不足,但它经常用于电路板、电路卡和其他元件的设计。由美国陆军(Pecht 等,1992)和美国国家标准与技术研究院(NIST)(Kopanski 等,1991)主持的研究探讨了由设备失效率预测方法导致的设计误导的一个例子,该方法考虑了热应力和微电子失效机理之间的关系。在这个案例下,MILHDBK – 217 显然不能区分这两种单独的失效机制。波音公司另一项独立研究的结果(Leonard,1991)证实了这些发现。基于 MIL – HDBK – 217 的方法也不能用于竞争设计的比较和评估。它们不能提供准确的比较,甚至不能提供准确的说明。

相比之下,物理失效学"是一种通过采用失效过程的根本原因的知识来进行设计、可靠性评估、测试、筛选和评估应力边际的方法,通过稳健的设计和制造实践来防止产品失效"(Lall 和 Pecht,1993,第1170页)。物理失效学方法涉及许多步骤,包括:①识别潜在的失效机制、失效模式和失效点;②确定适当的失效模式及其输入参数;③尽可能确定每个设计参数的可变性;④计算有效的可靠性函数;⑤如果所估计的关于时间的可靠性函数在所需时间段内达到或超过所需值,则接受该设计。

表 D-5 比较了 MIL-HDBK-217 和物理失效方法的几个方面。

表 D-5 MIL-HDBK-217 和物理失效方法之间的比较

项目	MIL-HDBK-217	物理失效方法
模型开发	模型不能提供精确的设计或制造指导,因为它们是根据假设的恒定失效率数据开发而来的,而不是基于失效的根本原因和实际失效时间数据。一位支持者指出:"因此,由于数据分散,而且在开发新模型时通常需要插入或推断现有数据,所以统计置信区间不应与整体模型结果相关联"(Morris,1990)	模型第一原则是基于科学,工程。模型可以支持确定性或概率性应用程序
设备设计建模	由于缺乏实际失效的根本原因分析,MIL-HDBK-217 完美设计的假设是不成立的。MIL-HDBK-217 模型不识别磨损问题	考虑失效机制根本原因的模型允许明确考虑设计、制造和操作对可靠性的影响
设备缺陷建模	模型不能用于:①明确考虑制造变化对可靠性的影响;②确定缺陷的构成或缺陷的筛选/检查	失效机理模型可用于:①将制造变异与可靠性联系起来;②确定什么构成缺陷以及如何筛选/检查
设备筛选	MIL-HDBK-217 促进并鼓励筛选但是却不承认潜在的失效机制	为确定特定筛选或检查的有效性提供科学依据
设备覆盖	大约前 5~8 年不包括新设备。有些设备,如连接器,已经超过 20 年没有更新。开发和维持设备当前设计的可靠性模型是不可能完成的任务	通常适用于现有设备和新设备,因为失效机制是建模的,而不是设备。30 年的可靠性物理研究已经产生并继续为适用于电子设备的关键失效机制生成经同行评议的模型。为印刷线路板和微电子器件提供自动计算机工具

续表

项目	MIL-HDBK-217	物理失效方法
Arrhenius模型的使用	设计师表明,稳态温度是设计人员为了提高可靠性而减少的主要应力。MIL-HDBK-217模型不接受明确的温度变化输入。MIL-HDBK-217将各种失效机理的不同加速模型归并在一起,这是不合理的	Arrhenius模型用于模拟每个失效机制的稳态温度和平均失效时间之间的关系。另外,考虑温度变化、温度变化率和空间温度梯度引起的应力
运行温度	明确只考虑稳态温度。稳态温度的影响是不准确的,因为它没有基于根本原因和失效数据	明确地考虑了每种失效机制的温度依赖性。可靠性往往对温度循环更加敏感,但要考虑到在极端温度情况下的足够裕度(Pecht等,1992)
运行温度循环	不支持明确考虑温度循环对可靠性的影响。没有办法叠加温度循环和振动的影响	明确地考虑所有应力,包括稳态温度、温度变化、温度变化率和空间温度梯度,适用于每个根本原因失效机制
需要输入的数据	不能模拟关键的失效贡献者,比如材料架构和真实的操作应力。最少的数据输入,最少的数据输出	有关材料、体系结构和操作应力的信息——导致失效的原因。这些信息可以从主要电子公司的设计和制造过程中获得
输出数据	输出通常是(恒定)失效率"λ"。一位支持者指出:"MIL-HDBK-217并不是为了预测实际的可靠性,一般来说,在绝对意义上做得不是很好"(Morris,1990)	为设计师提供关于材料、体系结构、负载和相关变化的影响信息。预测设备或装配中的关键失效机制的失效发生时间(作为分布)和失效地点。这些失效时间和地点可以排名。这种方法支持确定性或概率性治疗
国防部/行业接受度	政府授权;30年的不完全记录。不属于美国空军航空电子学完整性计划(AVIP)的一部分。不再被美国军方高层领导人支持	代表行业的最佳实践
协调性	从未将模型提交给适当的工程学会和技术期刊进行正式的同行评审	根本原因失效机制的模型由领先的专家进行持续的同行评审。新的软件和文件与各个国防部的分支机构及其他实体协调

续表

项目	MIL-HDBK-217	物理失效方法
相对的分析成本	与附加值相比,成本较高。可能会误导设计可靠的电子设备	意图是关注根本原因失效机制和地点,这是良好的设计和制造的核心。采购灵活,所以成本是灵活的。由于初始和最终可靠性较高,测试失效的可能性降低,隐藏工序减少,支持成本降低,生命周期成本也降低

消息来源:Cushing 等(1993)。经许可重印。

针对不同类型的材料,不同层次的电子封装(芯片、元件、电路板)以及不同的负载条件(振动、化学、电气),已经开发了几种基于物理失效模式。虽然不可能列出或回顾所有这些模型,但是在 IEEE 可靠性事务中的物理失效教程系列中已经讨论了许多模型。例如 Dasgupta 和 Hu(1992a),Dasgupta 和 Hu(1992b),Dasgupta(1993),Dasgupta 和 Haslach(1993),Engel(1993),Li 和 Dasgupta(1993),Al‐Sheikhly 和 Christou(1994),Li 和 Dasgupta(1994),Rudra 和 Jennings(1994),Young 和 Christou(1994)以及 Diaz 等(1995)。

物理失效模型也有一些局限性。从这些模型得到的结果将具有一定程度的不确定性和与之相关的误差,通过使用加速测试校准它们可以部分地减少这些误差。在将同一模型的结果与多种应力条件结合起来的能力方面,或者将单个失效模式的失效预测结果聚合到一个具有多个相互竞争和共因失效模式的复杂系统的能力方面,物理失效方法也可能会受到限制。然而,有一些公认的方法能够来处理这些问题,并且这些方法在不断被进行改进和研究;详情请参阅 Asher 和 Feingold(1984),Montgomery 和 Runger(1994),Shetty 等(2002),Mishra 等(2004),Ramakrishnan 和 Pecht(2003)。

尽管物理失效方法存在缺陷,但它更加严密和完整,因此,它在科学上优于恒定失效率模型。恒定失效率可靠性预测与现场电子系统的实际可靠性几乎没有关系。物理失效方法的缺点主要在于缺乏对设备可能经历的确切的使用环境和负载条件的了解以及退化过程的随机性。然而,随着与数据收集和数据传输有关的各种传感器可用性的发展,这种知识差距正在被克服。通过预测和健康管理方法(图 D-3)也可以弥补物理失效方法的不足之处(Pecht 和 Gu,2009)。

基于预测和健康管理的过程并不能预测可靠性,但它提供了对某些环境或性能参数原位监测的可靠性评估。这个过程将物理失效方法的优势和实时监测环境及运行负载条件结合起来了。

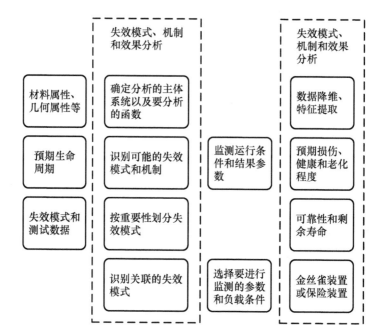

图 D-3 基于物理失效模式的预测和健康管理方法。
细节参见 Pecht 和 Gu(2009,第 315 页)

系统级考虑因素不足

MIL-HDBK-217 方法主要侧重于元件级可靠性预测,而不是系统级可靠性预测。在 20 世纪 60 年代和 70 年代,这种关注可能并不合理,当时零元件的失效率较高,电子系统比现在简单。然而正如 Denson(1988)指出的,系统复杂性和元件质量的提高导致系统失效原因从元件向系统级因素(包括制造、设计、系统需求和接口)转移。诸如人为因素或操作员失误,维护或安装,设备与设备的交互以及软件可靠性等方面也对系统的可靠性产生重大影响,因此这些因素在可靠性预测中应予以考虑(Halverson 和 Ozdes,1992;Jensen,1995)。

从历史上看,MIL-HDBK-217(Denson,1998)没有提及这些因素。因此,使用以手册为基础的技术只占整个系统失效率的一小部分:参见 Denson(1998)和 Pecht 和 Nash(1994)进行的调查结果,如表 D-6 所列。为了估计系统级可靠性,MIL-HDBK-217 建议元件的单个可靠性要么与其他校正因子相加,要么乘以其他校正因子,所有这些都与恒定失效率的总体假设相关。

表 D-6　电子系统失效原因,占总失效的百分比

失效类别	Denson(1998)	Pecht 和 Nash(1994)
元件	22	16
设计相关	9	21
制造相关	15	18
外部诱导	12	-
其他(软件、管理等)	22	17

Pecht 和 Ramappan(1992)回顾了从 1970 年到 1990 年收集的元件和设备(电子系统)现场失效返回数据。他们的分析表明,即使在 1971 年,元件失效也只占某些航空电子系统失效总数的 50% 左右。在 1990 年对已经部署了 2~8 年的航空电子系统进行了类似的分析,结果表明元件失效造成的总失效几乎可以忽略不计(Pecht 和 Nash,1994)。波音公司和西屋公司等组织(从 1970—1990年)(包括布卢默(1989)、西屋电气公司(1989)、泰勒公司(1990 年)和航空航天工业协会(1991),以及最近的美国陆军装备系统分析机构(AMSAA))已发现了类似的结果(Jais 等,2013)。

缺乏对适当环境和负载条件的考虑

导致电子设备失效的常见应力和条件包括温度循环、机械弯曲和振动。MIL HDBK-217 不考虑这些不同的环境和负载条件。换言之,基于手册的预测方法不能区分设备或元件在其现场操作条件下可能经受的各种应力。在计算失效率时也不区分不同种类的失效。基于手册的方法假定在这些操作条件下,设备将继续以相同的速率(恒定失效率)失效。因此,基于手册的预测方法所提供的失效率无法用作设备实际可靠性的指标。

虽然 MIL-HDBK-217 的第一版只提供了单点恒定失效率,但第二版MIL-HDBK-217B 的失效率计算后来成为美国可靠性预测方法的标准。1969年,在手册的 B 版本起草之前,Codier(1969)写道:

这种传统的仪式其本质就是一种脆弱的卡片,与 1969 年的硬件开发现实几乎没有联系。当然,其原因是由于错误的失效率。人们正在疯狂地努力以压力因素和环境因素来支持这一理论,但我们无法跟上。我们只是简单地定义一些我们无法评估的新常量。MIL-HDBK-217B 的发行草案提出了多达 5 个形式的常数来确定单个元件的理论失效率。另外,下面的陈述"构成任何预测基础

的许多因素可以简要地列出……所有这些因素都对预测的准确性起着重要的作用。"下面列出了 23 个因素。

Codier(1969)继续引用 MIL – HDBK – 217B 的话:"换句话说,预测的准确性更多依赖于对程序控制有效性的预测,而不是基于设计及其元件的固有可靠性。这可以通过考虑手册中的一个等式来说明——在这个特例中,我们使用双极结晶体管(BJT)失效率的等式:

$$\lambda_p = \frac{\lambda_b \pi_T \pi_R \pi_S \pi_Q \pi_E \text{失效}}{10^6 \text{h}} \tag{1}$$

式中:λ_b 为基本失效率;π_T 为温度系数;π_R 为额定功率系数;π_S 为电压应力系数;π_Q 为品质系数;π_E 为环境系数。因此,研究小组假定环境条件可以用能够线性地衡量基础失效率的乘法因子表示。这种计算背后的原理并不清楚;然而,对于几乎所有的元件类型,无论是被动的还是主动的,这些类型的计算都是可用的。因此,Codier 怀疑的原因是显而易见的——因为似乎没有科学的解释,说明为什么要选择或如何选择这些因素,以及为什么它们有这些因素的价值。此外,这些因素并没有具体说明在不同负载或环境条件下设备或元件将经受的不同失效模式和机制。

式(1)中的环境系数 π_E 并不直接考虑诸如振动、湿度或弯曲的特定应力条件。它代表一般条件,如地面良性、地面固定和地面移动。这些条件指的是在不同类别的军事平台下环境的一般控制情况。如果研究小组考虑焊料级失效(如球形栅格阵列等),那么在高温"老化"或"浸透"条件下,很少有焊料在额外负载下发生失效的报道,即使这些条件可能会导致焊料在额外负载下容易出现失效。然而,焊料在许多方面容易出现失效,包括热疲劳(温度循环)(参见 Ganesan 和 Pecht,2006;Abtew 和 Selvaduray,2000;Clech,2004;Huang 和 Lee,2008)、振动载荷(Zhou 等,2010)、机械弯曲(Pang 和 Che,2007)和跌落试验(Varghese 和 Dasgupta,2007)。

另外,不同的焊料表现出不同的可靠性和使用寿命。失效时间还取决于加载速率(热冲击或热循环;机械弯曲;振动或下降)。在基于 MIL – HDBK – 217 的方法中,都没有考虑这些参数,因为它不考虑环境和负载条件。试图记录所有不同类型的焊料和负载条件不仅是徒劳的,而且还因为这些领域的技术发展速度之快,不可能编写一份详尽的负载条件、焊料类型以及其他参数的组合清单,如包装类型、纸板类型等。因此,这是另一个没有办法"维修"现有手册方法的领域。

缺乏新技术和元件

自推出以来,MIL-HDBK-217一直难以跟上电子行业的迅速发展。该手册经过了三十多年的修改,最近一次修订是1995年的MIL-HDBK-217F。Moore(1965)预测,电路的复杂性将以这样一种方式增加,即集成电路上的晶体管数量几乎每两年翻一番。这意味着1965年到1995年间,集成电路中的晶体管数量增加了近215倍(图D-4)。

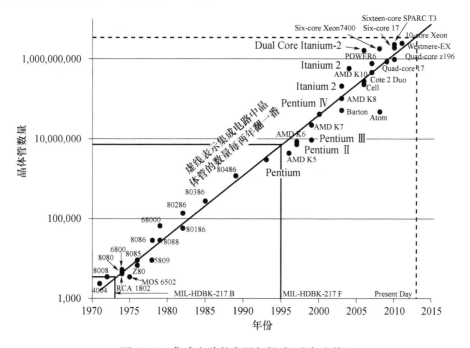

图D-4 集成电路的发展与提升(摩尔定律)

来源:Wgsimon(2011)晶体管数量和摩尔定律,授权于基于知识共享的维基百科,在 http://commons.wikimedia.org/wiki/File:Transistor_Count_and_Moore%27s_Law_-_2011.svg#mediaviewer/File:Transistor_Count_and_Moore%27s_Law_-_2011.svg. 上可查。

各种手册的修订几乎不能涵盖少数几代集成电路。即使进行了所有的更新,最新的手册修订版MIL-HDBK-217F,也只提供了基于双列直插式封装和引脚网格阵列数据的陶瓷和塑料封装的可靠性预测模型,自2003年以来,这些模型在新设计中很少使用。自20世纪90年代以来,集成电路的封装和输入/输出(I/O)密度迅速提高。因此,不区分不同封装类型或I/O密度的MIL-

HDBK-217F 将不适用于任何较新的封装类型,包括许多新的面阵列封装和表面贴装封装。因此,MIL-HDBK-217F 不适用于诸如球栅阵列(BGA)、四扁平无引脚封装(QFN)、PoP 封装和堆叠裸片封装等封装方式。另外,仅仅因为不同包装的数量不同,要表征所有不同类型的包装的失效率几乎是不可能的。

而且,即使可以表征不同的封装类型和 I/O 密度,现代电子设备和元件的生命周期(从设计或概念到终止)都比旧的元件和系统短得多。一些旧的封装类型,从 20 世纪 80 年代到 20 世纪 90 年代,仍然在遗留系统中使用。这样的元件和系统的使用寿命已经比现在的商用电子产品(例如计算机和手机,通常具有 2~5 年的生命周期)长得多。这些较短的生命周期对失效率评估提出了挑战,因为用于收集失效数据和开发失效率模型的时间框架很短。因此,投资开发这种失效率模型既不务实也不经济。

问题不仅限于有源元件:MIL-HDBK-217 的分立元件和无源元件数据库也过时了。绝缘栅双极型晶体管(IGBT)、表面贴装钽电容器、锂离子电池和镍氢电池等电源、超级电容器和铌电容器等分立元件在工业上广泛使用,将永远不会被 MIL-HDBK-217 覆盖。因此,制造商和工程师不得不在手册中找出最接近的匹配,然后根据这些较旧部分规定的准则进行计算。这可能会使一个更新、更可靠的元件因其前辈的不可靠性而受到惩罚。

从历史上看,这种惩罚是有先例的。例如,当 MIL-HDBK-217B 中的可靠性、可用性和可维护性(RAM)模型被外推到 64K RAM 时,所计算的平均失效间隔时间仅为 13s(Pecht 和 Nash,1994)。由于此类事件的发生,出现了各种对 MILHDBK-217B 的通知变更,并于 1979 年 4 月 9 日发布了 MIL-HDBK-217C 以"创可贴"的形式解决这些问题。作为技术基础迅速发展和不断变化的结果,在短短不到 3 年的时间里,MIL-HDBK-217C 在 1982 年更新为 MIL-HDBK-217D,而后在 1986 年又更新为 MIL-HDBK-217E。因此,所有 MIL-HDBK-217 修订版都难以跟上电子封装技术的前沿步伐,MIL-HDBK-217F 也不例外。承认 MIL-HDBK-217 方法从根本上不可弥补地存在缺陷,要比更新或用类似的方法取代它容易得多。

手册预测与现场数据比较

一些案例研究和实验已经证明从手册方法中获得的预测是无效的。这些研究表明,预测 MTBF 和实际 MTBF 之间有很大的差异,通常达到几个数量级。MTBF 和失效时间(FIT)是恒定失效率指标的推论。对于恒定失效率,MTBF 仅仅是恒定失效率的倒数,而 FIT 率是设备运行 10 亿(10^9)h 内的失效数量。

一些最早的研究发现了测试或现场数据与 MIL - HDBK - 217 预测之间的不一致性,这些研究发表于 20 世纪 60 年代早期(Milligan,1961;Pettinato 和 McLaughlin,1961)。来自这些测试的数据表明,当时的电子系统的失效率呈下降趋势。但是,如上所述,这些发现被视为异常。到了 20 世纪 70 年代,更多的研究发表了——其中一个与 MIL - HDBK - 217A 预测相比,确定了现场 MTBF 值的波动(Murata,1975)。1979 年,另一项研究提供了详细记录的结果,给恒定失效率模型提供了无可争议的挑战(Bezat 和 Montague,1979)。

大约在这个时候,MIL - HDBK - 217 被多次修改,以跟上不断发展的技术并暂时维修一些模型。然而,尽管进行了更新,但还有更多的研究显示测试数据和预测的 MTBF 值之间存在差异。Lynch 和 Phaller(1984)对电气对抗(ECM)雷达系统进行了一项这样的研究。他们指出,不仅在元件级可靠性预测的计算方面所作的假设存在缺陷,而且对于计算系统级预测的 MTBF 值和观测 MTBF 值之间的差距也有很大的作用。自那时以来,已经发表了几个类似的研究,每年的年度可靠性和可维护性研讨会都会包括一篇这个方向的论文(例如 MacDiarmid,1985;Webster,1986;Branch,1989;Leonard 和 Pecht,1991;Miller 和 Moore,1991;Rooney,1994)。

在 20 世纪 90 年代,即使是手册技术的支持者也承认:"MIL - HDBK - 217 并不是用来预测现场可靠性的,一般来说,它在绝对意义上做得不是很好"(Morris,1990)。通用汽车公司表示:"通用汽车同意并将遵守美国陆军研究、开发和采办部助理部长在 1996 年 2 月 15 日的调查结果和政策修订。因此:MIL - HDBK - 217 或类似的元件可靠性评估方法(如 SAE PREL)不得使用"(全球机制北美洲行动,1996)。美国陆军第 70 - 1 号案例也以类似的方式规定,"MIL - HDBK - 217 或其任何衍生物不应出现在招标中,因为它已被证明是不可靠的,其使用可能导致错误和误导性的可靠性预测"(美国陆军部,2011,第 15~16 页)。

下一节将回顾一些军事和非军事系统案例研究的结果,这些案例研究已经使这些基于手册的技术失去作用。本书还对几种类似手册方法的预测结果之间的差异进行了回顾。

商业电子零件与组装研究

已经进行了关于几种不同类型的商业电子零件和元件的研究,例如计算机元件和存储器(Hergatt,1991;Bowles,1992;Wood 和 Elerath,1994)、工业和汽车

(Casanelli 等,2005)、电子设备(Leonard 和 Pecht,1989；Leonard 和 Pecht,1991；Charpanel 等,1998)和电信设备(Nilsson 和 Hallberg,1997)。这些研究中的每一项都显示,预测的 MTBF 值与实际现场或测试的 MTBF 的差距很大。

表 D-7 显示了一些出版物关于不同设备的 MTBF 之间差异的结果。可以看出,对于这些系统,测量的 MTBF 与预测的 MTBF 之比从 0.54 变化到 12.20。

表 D-7 各种电子设备的测量 MTBF 与基于手册的预测 MTBF 的比率

产品	方法	测量 MTBF/h	预测 MTBF/h	比率
音频选择器(Leonard 和 Pecht,1991)		6706	12400	0.54
引气控制(Leonard 和 Pecht,1991)		28261	44000	0.64
存储(硬盘)(Wood 和 Elerath,1994)	Bellcore*(*现在为 Telcordia)			2.00
处理器板(Wood 和 Elerath,1994)	Bellcore*			2.50
控制板(Wood 和 Elerath,1994)	Bellcore*			2.50
电源(Wood 和 Elerath,1994)	Bellcore*			3.50
PW2000 发动机控制(Leonard,1991)		42000	10889	3.90
JT9D 发动机控制(Leonard,1991)		32000	8000	4.00
内存板(Wood 和 Elerath,1994)	Bellcore*			5.00
扰流板控制(Leonard 和 Pecht,1991)		62979	8800	7.16
PC 服务器(Hergatt,1991)	MIL-HDBK-217	15600	2070	7.50
办公工作站(Hergatt,1991)	MIL-HDBK-217	92000	7800	11.80
航空电子 CPU 板	MIL-HDBK-217	243902	20450	11.90
偏航阻尼器		55993	4600	12.20

对计算机系统的研究,例如 Wood 和 Elerath(1994)和 Charpenel 等(1998),似乎表明,测量的 MTBF 远低于预测的 MTBF 值。他们研究的结果如图 D-5 所示。在 Hergatt(1991)中也可以看到类似的结果,商业计算机的办公工作站和 PC 服务器的实际 MTBF 比预测值高 3 个数量级。然而,表 D-7 中描述的结果

似乎表明,基于手册的可靠性预测技术可以任意低估或过度预测现场条件下系统的真正 MTBF。因此,基于手册的预测并不总是保守的。即使预测是保守的,也不可能确定预测值和实际值之间的真实差值。

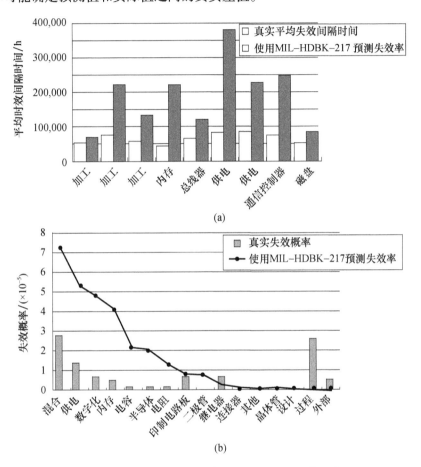

图 D-5　预测的 MTBFs 与真实测量的 MTBFs 的比较,
图(a)来源于 Wood 和 Elerath(1994),图(b)来源于 Charpenel 等(1998),均获得装载许可。

军用电子器件及其组装研究

在使用基于手册的方法时可靠性预测中的错误不仅限于商业电子领域。AMSAA 的一项研究(Jais 等,2013)对美国国防部的各个机构进行了调查,要求提供关于各种系统的可靠性信息。这些系统代表了各种平台,包括通信设备、网络指挥和控制、地面系统、导弹发射器、空中指挥和控制、航空警报和航空训练系统。所要求的信息包括系统级预测和显示结果(来自测试和现场的MTBF)。

对结果进行过滤,筛选出只包括纯粹依据 MIL – HDBK – 217 及其后代规定的方法进行预测的估计值。预测值与实验值之比在 1.2∶1 ~ 218∶1 之间,见图 D – 6。Jais 等(2013,第4页)指出,"原始承包商预测国防部系统的 MTBF 大大超过了显示的结果"。使用 Spearman 等级相关系数对数据进行统计分析表明,基于 MIL – HDBK – 217 的预测不能支持系统之间的比较。数据和分析表明,手册预测不但不准确,而且如果将其用作维持性、可维护性和节省计算的指导方针,从经济角度来看也可能是有害的。作者考虑为什么 MIL – HDBK – 217 仍然被用于国防部采购。他们得出的结论是"……尽管其有缺点,系统开发人员熟悉 MIL – HDBK – 217 及其后续文件。它允许他们采用'一刀切'的工具,不需要额外的分析或工程专业知识。即使缺乏合同语言方面的指导,政府机构也可加以利用"(Jais 等,2013,第5页)。

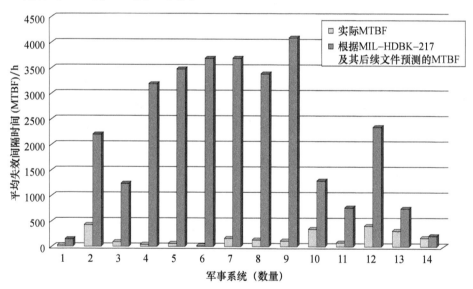

图 D – 6　美国防务系统中预测和实际平均失效间隔时间(MTBF)比较
来源:Jais 等(2013 年第4页,转载已经得到许可)

Cushing 等(1993)公布的数据显示了单通道地面空中无线电设备(SINC-GARS)基于 MIL – HDBK – 217 的 MTBF 预测与 1987 年非开发项目候选期间观测的 MTBF 之间的差异。数据见表 D – 8。预测中的误差被发现在 – 70% (预测不足)和3800%(过度预测)之间变化。这些数据还突出以手册为基础的预测评估竞争性提案的能力问题。因此,预测 MTBF 值排序的列没有提供供应商系统可靠性的准确排序,因为从技术上看,供应商 F 的系统比供应商 G、H 和 I 更可靠,供应商 E 的系统性能比供应商 A、B、C 和 D 的系统性能差。这些结果再一次证明了手册预测的误导性和不准确性。

表 D-8 1987 年 SINCGARS 非开发项目候选测试结果

供应商	预测 MTBF/h	观察 MTBF/h	误差率/%
A	811	98	728
B	1269	74	1615
C	1845	2174	-15
D	2000	624	221
E	2000	51	3822
F	2304	6903	-67
G	2450	472	419
H	2840	1160	145
I	3080	3612	-15

不同方法预测的差异

用不同的 217 型方法得到的系统的 MTBF 预测值也有所不同。Oh 等(2013)发现,使用 MIL-HDBK-217 和 Telcordia SR-332 预测冷却风扇及其控制系统的可靠性时,获得了非常不同的结果。基于 MIL-HDBK-217 的 MTBF 预测显示出 469%~663% 的误差,SR-332 预测的误差在 70%~300% 之间。Spencer(1986)比较了使用 MIL-HDBK-217,Bellcore(Telcordia),British Telecom HRD 和 CNET 方法评估的 NMOS SRAM 模块的 FIT 率。他发现,所有预测方法的失效率都随着复杂性的增加而增加。

Jones 和 Hayes(1999)进行了比较全面的研究,将各种手册方法的预测与商业电子线路板上的实际现场数据进行比较。他们发现,预测值和使用现场数据评估的 MTBF 之间不仅存在差异,而且各种预测本身之间也存在显著差异。图 D-7 提供了一些细节。

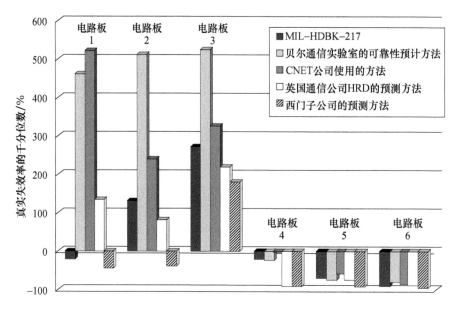

图 D-7 不同手册方法的比较

来源：Jones 和 Hayes(1999,第9页),转载已获得许可。

RIAC 217PLUS 和 MIL – HDBK – 217G

217Plus 可靠性预测模型手册（通常被称为 217Plus）是由独立的民营企业可靠性信息分析中心(RIAC)开发的。217Plus 是用来记录 PRISM 中使用的模型和方程式,如上所述,PRISM 是一个用于系统可靠性评估的软件工具。217Plus 还作为 MIL – HDBK – 217F 的替代品出版。217Plus 预测模型使 PRISM 中的元件失效率模型数量增加了一倍,并且还包含了 PRISM 中没有的 6 个新的恒定失效率模型。"217Plus 手册"于 2006 年 5 月 26 日发布。

217Plus 包含元件和系统级别的可靠性预测模型。其首先确定元件模型,以估计每个元件的失效率,然后求和,估计系统失效率。系统可靠性的这一估计值通过应用"系统级"因素（称为过程等级因素）进一步修改,这些因素考虑了整个系统可靠性的非元件影响。"模型的目标是在可接受的精度范围内估计元件主要失效机制的'失效发生率'和促进因素"（可靠性信息分析中心,2006,第2页)。该模型考虑到环境因素和操作剖面因素,以便能够进行各种权衡分析。可以使用原有系统和新系统执行 217Plus 预测。原有系统是指具有相似技术、设计和制造工艺的产品。如果被分析的项目是原有项目的演变,则可以利用和修改原有项目的现场经验,以说明新项目和原有项目之间的差异。217Plus 方法还将测试/现场可靠性经验纳入新系统的分析预测中。

即使 RIAC 217Plus 克服了 MIL-HDBK-217 的一些主要缺陷,它仍然建立在手册的基础之上。就目前而言,尚不清楚 217Plus 如何通过关注元件模型和工艺等级因素来考虑所有可能的设备失效模式。尽管加法模型有助于抑制在高低极端下计算出的 MTTF 值的"爆炸",但如何能够提供更精确的失效率和寿命估算,仍有待证明。像加法模型等修改的实现仍然没有考虑共同模式失效,这些失效占系统级失效的很大一部分。目前还不清楚 217Plus 是否可以解释系统级别的不同环境条件下各个元件之间的依赖关系。结合理论估计的失效率(考虑系统是一个元件的超集)和贝叶斯分析的结果,并使用现场和测试数据估计失效率,将可以解释其中一些常见的失效模式。然而,这些失效率的有效性和适应性取决于所做的假设,特别是关于贝叶斯分析中涉及的似然函数。寿命和失效率的最终计算和估计也取决于贝叶斯分析的结果如何与其他分析预测相结合。贝叶斯分析的结果仍然不可能得到寿命或失效率的点估计,因为这一点估计会遇到恒定失效率估计所具有的相同缺点,因为它无法考虑现场条件的变化。

虽然 217Plus 方法是由 RIAC 开发的,但是在 RIAC 手册中加入"217"这个术语似乎意味着它被美国国防部官方认可为 MIL-HDBK-217F 的后续版本。但 217Plus 远不是 MIL-HDBK-217F 的接班人。如果 217Plus 能够解决系统级的可靠性和可靠性提升问题,那么 217Plus 就可以作为 MIL-HDBK-217F 的临时替代品,因为它正在被逐步淘汰。它的预测还需要考虑元件和系统层面的物理失效。但是,由于 217Plus 无法充分解决系统级可靠性或物理失效问题,因此无法作为 MIL-HDBK-217F 的后续替代品或接班人。对采用 MIL-HDBK-217 造成的损害的补救办法不是用"减小损伤"代替,而是要消除所有这些技术。

海军水面作战中心(NSWC)起重机部门宣布,打算组建并主持一个工作组,通过更新元件和技术清单,将 MIL-HDBK-217F 修订为 G 版。但是,正如 Jais 等(2013,第 5 页)所指出的那样,"根据当前的技术简单地更新 MIL-HDBK-217 并不能缓解前面章节中提到的基本的技术限制。预测应该提供关于失效模式和机制的设计信息,这些模式和机制可以用来通过实现设计更改来减轻失效风险。"NSWC 起重机部门认识到,MIL-HDBK-217 是全球知名的并且是被商业公司、国防工业和政府组织所使用的。它没有向用户介绍关于 MIL-HDBK-217 技术和假设的缺点,而是规定了使用 217 可靠性预测工具的标准化。NSWC 还指出,217 方法的最终用户更喜欢预测方法的相对简单性。这种方法展示了

MIL-HDBK-217方法的使用是如何降低整个可靠性工程界和电子行业的敏感度的。需要改变新的模式,重点不应该放在可靠性预测方法的相对简单性上,而应该放在这些技术的科学价值和准确性上。

总结和结论

MIL-HDBK-217是电子元件和设备的可靠性预测方法,已知其在很多方面存在根本性的缺陷。使用MIL-HDBK-217的问题大致可以分为两类。第一类问题产生于这样一个事实,即MIL-HDBK-217概念是在电子学和退化知识成熟之前发展、正规化和制度化的。因此,该手册的第一个版本的特点是通过拟合真空管的现场失效数据的直线获得的简单单点恒定失效。随后修订的手册受到了精算研究中使用的指数分布和相关的恒定失效率的影响。这个恒定失效率成为MIL-HDBK-217的前提。由于该方法是建立在这一前提之上的,可靠性预测技术排除了对失效根源和失效机制的物理因素的任何考虑,而仅仅侧重于对失效数据的线性回归分析。因此,该手册没有针对不同类型环境和运行负载条件的准则或计算,而且预测的失效率在所有情况下都假定为是相同的常值。

第二类问题产生于这样一个事实,即对于像MIL-HDBK-217方法这样的技术来说,要跟上电子技术的快速发展和供应链平衡的变化变得越来越困难。随着封装技术和材料的不断进步,有源和无源电子元件正在迅速发展。最近的MIL-HDBK-217修订版中没有包含目前在电子系统中广泛使用的绝缘栅双极型晶体管和铌电容器等元件。此外,2010年左右的元件生命周期远远短于20世纪60年代的元件生命周期。在商用电子系统(如智能手机和笔记本电脑)的平均生命周期约为两年的情况下,要获取现场失效数据,并为电子系统中使用的各种元件建立失效模式变得非常困难。

MIL-HDBK-217的后代都是在假定原始方法的唯一问题是它不是最新的或它是在不符合特定市场部门的需要的前提下开发和推广的。其后代包括SAE可靠性预测、Bellcore/Telcordia、PRISM和RIAC 217Plus等方法。虽然这些方法中的每一个都可能具有特定于应用的测试条件或从MIL-HDBK-217中排除的较新元件的数据,但是它们在一些情况中仍然使用恒定失效率假设。因此,这些"新"方法中的每一种都继续忽视一种基本科学原理,即考虑电子设备的退化和失效机制。这些子代,像它们的前辈一样,没有认识到一个元件的退化和失效不能被压缩成一个唯一的"恒定失效率"指标。

许多研究已经证明,MIL-HDBK-217方法及其后续文件无法预测失效率。

在每项研究中,失效率的预测要么严重地超出了实际失效率,要么低于实际失效率。因此,研究小组得出结论,MIL-HDBK-217方法为用户提供了不准确和误导的结果。然而,由于坚持使用MIL-HDBK-217进行失效率计算往往是一项合同要求,而且由于这一方法也被电信和汽车行业所采用,因此使用基于这些技术的预测的做法渗透到供应链中,从而渗透到电子行业。这种做法最终导致MIL-HDBK-217的扩散。因此,即使在今天,使用恒定失效率模型也是非常普遍的,尽管这本手册在近20年里还没有更新。2008年,NSWC起重机部门的一项调查(Gullo,2008)表明,80%的受访者仍然在使用MIL-HDBK-217。

采用和调整恒定失效率模型来评估电子系统的可靠性可能从来都不是一个好主意。这种做法从根本上影响了商用和军用电子产品的可靠性预测。继续使用MIL-HDBK-217或其任何一个改编版本可能具有破坏性,因为它会促进恶劣的工程实践,同时也会损害电子产品可靠性提升。此外,MIL-HDBK-217无法得到改进或修正,因为有关该方法的基本假设是错误的。必须承认,基于预测使用条件的可靠性预测方法是不可行的。展望未来,其解决方案是取消并不再使用MIL-HDBK-217。国防部应该努力制定一项政策,根据这项政策,防务系统中使用的每个主要子系统和关键元件都有由制造商验证过的元件可靠性的物理失效模型。

参考文献

Abtew, M., and Selvaduray, G. (2000). Lead-free solders in microelectronics. *Materials Science and Engineering Reports*, 27(5-6), 95-141.

Aerospace Industries Association. (1991). *Ultra Reliable Electronic Systems—Failure Data Analysis by Committee of AIA Member Companies.* Arlington, VA: Author.

Al-Sheikhly, M., and Christou, A. (1994). How radiation affects polymeric materials. *IEEE Transactions on Reliability*, 43, 551-556.

Asher, H., and Feingold, F. H. (1984). *Repairable Systems Reliability: Modeling, Inference, Misconceptions and Their Causes, Lecture Notes in Statistics, Volume* 7. New York: Marcel Dekker.

Bar-Cohen, A. (1988). Reliability physics vs. reliability prediction. *IEEE Transactions on Reliability*, 37, 452.

Bezat, A. G., and Montague, L. L. (1979). The effects of endless burn-in on reliability growth projections. Prepared for the Annual Reliability and Maintainability Symposium, January 23-25, Washington, DC. In *Proceedings of the* 1979 *Reliability and Maintainability Symposium* (pp. 392-397). New York: IEEE.

Bhagat, W. W. (1989). R&M through avionics/electronics integrity program. Prepared for the Annual Reliability and Maintainability Symposium, January 24-26, Atlanta GA. In *Proceedings of the* 1989 *Reliability and Maintainability Symposium* (pp. 216-220). New York: IEEE. Available: http://ieeexplore.ieee.org/stamp/stamp.jsp?arnumber=49604 [December 2014].

Blanks, H. S. (1980). The temperature dependence of component failure rate. *Microelectronics and Reliability*, 20, 297-307.

Bloomer, C. (1989). Failure mechanisms in through hole packages. *Electronic Materials Handbook*, 1, 976.

Bowles, J. B. (1992). A survey of reliability-prediction procedures for microelectronic devices. *IEEE Transactions on Reliability*, 41(1), 2-12.

Bowles, J. B. (2002). Commentary—caution: Constant failure-rate models may be hazardous to your design. *IEEE Transactions on Reliability*, 51(3), 375-377.

Caruso, H. (1996). An overview of environmental reliability testing. Prepared for the Annual Reliability and Maintainability Symposium, January 22-25. In *Proceedings of the* 1996 *Reliability and Maintainability Symposium* (pp. 102-109). New York: IEEE. Available: http://ieeexplore.ieee.org/stamp/stamp.jsp?arnumber=500649 [December 2014].

Cassanelli, G., Mura, G., Cesaretti, F., Vanzi, M., and Fantini, F. (2005). Reliability predictions in electronic industry applications. *Microelectronics Reliability*, 45, 1321-1326.

Charpenel, P., Cavernes, P., Casanovas, V., Borowski, J., and Chopin, J. M. (1998). Comparison between field reliability and new prediction methodology on avionics embedded electronics. *Microelectronics Reliability*, 38, 1171-1175.

Clech, J. (2004). Lead-free and mixed assembly solder joint reliability trends. *Proceedings of the* 2004 *IPC/SMEMA Council APEX Conference*, Anaheim, CA. Available: http://www.jpclech.com/Clech_APEX2004_Paper.pdf [October 2014].

Codier, E. O. (1969). Reliability prediction—Help or hoax? *Proceedings of the 1969 Annual Symposium on Reliability*. IEEE Catalog No 69C8 – R, pp. 383 – 390. New York: IEEE.

Coleman, L. A. (1992). Army to abandon MIL – HDBK – 217. *Military and Aerospace Electronics*, 3, 1 – 6.

Cushing, M. J., Mortin, D. E., Stadterman, T. J., and Malhotra, A. (1993). Comparison of electronics reliability assessment approaches. *IEEE Transactions on Reliability*, 42(4), 542 – 546.

Cushing, M. J., Krolewski, J. G., Stadterman, J. T., and Hum, B. T. (1996). U. S. Army reliability standardization improvement policy and its impact. *IEEE Transactions on Components*, 19(2), 277 – 278.

Dasgupta, A. (1993). Failure – mechanism models for cyclic fatigue. *IEEE Transactions on Reliability*, 42, 548 – 555.

Dasgupta, A., and Haslach, H. W. J. (1993). Mechanical design failure models for buckling. *IEEE Transactions on Reliability*, 42, 9 – 16.

Dasgupta, A., and Hu, J. M. (1992a). Failure – mechanism models for excessive elastic deformation. *IEEE Transactions on Reliability*, 41, 149 – 154.

Dasgupta, A., and Hu, J. M. (1992b). Failure – mechanism models for plastic deformations. *IEEE Transactions on Reliability*, 41, 168 – 174.

Dasgupta, A., and Pecht, M. (1991). Material failure – mechanisms and damage models. *IEEE Transactions on Reliability*, 40, 531 – 536.

Denson, W. (1998). The history of reliability prediction. *IEEE Transactions on Reliability*, 47(3), SP3211 – SP3218.

Denson, W., and Brusius, P. (1989). *VHSIC and VHSIC – like reliability prediction modeling*. RADC – TR – 89 – 177, Final Technical Report. Rome, NY: IIT Research Institute.

Diaz, C., Kang, S. M., and Duvvury, C. (1995). Tutorial: Electrical overstress and electrostatic discharge. *IEEE Transactions on Reliability*, 44, 2 – 5.

Engel, P. (1993). Failure models for mechanical wear modes and mechanisms. *IEEE Transactions on Reliability*, 42, 262 – 267.

Epstein, B., and Sobel, M. (1954). Some theorems relevant to life testing from an exponential distribution. *The Annals of Mathematical Statistics*, 25, 373 – 381.

FIDES Group. (2009). *FIDES Guide* 2009. Paris, France: Union Technique De L' Electricite.

Ganesan, S., and Pecht, M. (2006). *Lead – Free Electronics*. Hoboken, NJ: John Wiley & Sons.

GM North America Operation. (1996). *Technical Specification Number*: 10288874. Detroit, MI: General Motors Company.

Gu, J., and Pecht, M. (2007). New methods to predict reliability of electronics. *Proceedings of the Seventh International Conference on Reliability and Maintainability* (pp. 440 – 451. Beijing: China Astronautic Publishing House.

Gullo, L. (2008). The revitalization of MIL – HDBK – 217. *IEEE Transactions on Reliability*, 58(2), 210 – 261. Available: http://rs. ieee. org/images/files/Publications/2008/2008 – 10. pdf [January 2015].

Hallberg, O. (1994). Hardware reliability assurance and field experience in a telecom environment. *Quality and Reliability Engineering International*, 10(3), 195 – 200.

Hallberg, O., and Lofberg, J. (1999). A Time Dependent Field Return Model for Telecommunication Hardware, in *Advances in Electronic Packaging 1999; Proceedings of the Pacific Rim/ASME International Intersociety Electron-*

ic and Photonic Packaging Conference (InterPACK '99), New York.

Halverson, M., and Ozdes, D. (1992). What happened to the system perspective in reliability. *Quality and Reliability Engineering International*, 8(5), 391 – 412.

Hergatt, N. K. (1991). Improved reliability predictions for commercial computers. *Proceedings of the 1991 Annual Reliability and Maintainability Symposium*. Available: http://ieeexplore.ieee.org/stamp/stamp.jsp? arnumber = 154461 [December 2014].

Huang, M., and Lee, C. (2008). Board level reliability of lead – free designs of BGAs, CSPs, QFPs and TSOPs. *Soldering and Surface Mount Technology*, 20(3), 18 – 25.

IEEE Standards Association. (2010). *Guide for Developing and Assessing Reliability Predictions Based on IEEE Standard* 1413. Piscataway, NJ: Author.

Jais, C., Werner, B., and Das, D. (2013). Reliability predictions: Continued reliance on a misleading approach. Prepared for the Annual Reliability and Maintainability Symposium,

January 28 – 31, Orlando, FL. In *Proceedings of the 2013 Reliability and Maintainability Symposium* (pp. 1 – 6). New York: IEEE. Available: http://ieeexplore.ieee.org/stamp/stamp.jsp? tp = &arnumber = 6517751 [December 2014].

Jensen, F. (1995). Reliability: The next generation. *Microelectronics Reliability*, 35(9 – 10), 1363 – 1375.

Jones, J., and Hayes, J. (1999). A comparison of electronic reliability prediction models. *IEEE Transactions on Reliability*, 48(2), 127 – 134.

Kelly, M., Boulton, W., Kukowski, J., Meieran, E., Pecht, M., Peeples, J., and Tummala, R. (1995). *Electronic Manufacturing and Packaging in Japan*. Baltimore, MD: Japanese Technology Evaluation Center and International Technology Research Institute.

Knowles, I. (1993). Is it time for a new approach? *IEEE Transactions on Reliability*, 42, 3.

Kopanski, J. J., Blackburn, D. L., Harman, G. G., and Berning, D. W. (1991). *Assessment of Reliability Concerns for Wide – Temperature Operation of Semiconductor Devices and Circuits*. Gaithersburg, MD: National Institute of Standards and Technology. Available: http://www.nist.gov/manuscript – publication – search.cfm? pub_id = 4347 [September 2014].

Lall, P., and Pecht, M. (1993). An integrated physics of failure approach to reliability assessment. *Proceedings of the 1993 ASME International Electronics Packaging Conference*, 4(1).

Lall, P., Pecht, M., and Hakim, E. (1997). *Influence of Temperature on Microelectronics and System Reliability*. Boca Raton, FL: CRC Press.

Leonard, C. T. (1987). Passive cooling for avionics can improve airplane efficiency and reliability. *Proceedings of the IEEE 1989 National Aerospace and Electronics Conference*. New York: IEEE.

Leonard, C. T. (1988). On US MIL – HDBK – 217. *IEEE Transactions on Reliability*, 37(1988), 450 – 451.

Leonard, C. T. (1991). Mechanical engineering issues and electronic equipment reliability: Incurred costs without compensating benefits. *Journal of Electronic Packaging*, 113, 1 – 7.

Leonard, C. T., and Pecht, M. (1989). Failure prediction methodology calculations can mislead: Use them wisely, not blindly. *Proceedings of the IEEE 1989 National Aerospace and Electronics Conference*, pp. 1887 – 1892.

Leonard, C. T., and Pecht, M. (1991). Improved techniques for cost effective electronics. *Proceedings of the 1991 Annual Reliability and Maintainability Symposium*.

Li, J., and Dasgupta, A. (1993). Failure - mechanism models for creep and creep rupture. *IEEE Transactions on Reliability*, 42, 339 - 353.

Li, J., and Dasgupta, A. (1994). Failure - mechanism models for material aging due to interdiffusion. *IEEE Transactions on Reliability*, 43, 2 - 10.

Li, X., Qin, J., and Bernstein, J. B. (2008). Compact modeling of MOSFET wearout mechanisms for circuit - reliability simulation. *IEEE Transaction on Device Materials and Reliability*, 8(1), 98 - 121.

Lynch, J. B., and Phaller, L. J. (1984). Predicted vs test MTBFs... Why the disparity? *Proceedings of the 1984 Annual Reliability and Maintainability Symposium*, pp. 117 - 122.

MacDiarmid, P. R. (1985). Relating factory and field reliability and maintainability measures. *Proceedings of the 1985 Annual Reliability and Maintainability Symposium*, p. 576.

McLinn, J. A. (1989). Is Failure Rate Constant for a Complex System? *Proceedings of the 1989 Annual Quality Congress*, pp. 723 - 728.

McLinn, J. A. (1990). Constant failure rate—A paradigm in transition. *Quality and Reliability Engineering International*, 6, 237 - 241.

Miller, P. E., and Moore, R. I. (1991). Field reliability vs. predicted reliability: An analysis of root causes for the difference. *Proceedings of the 1991 Annual Reliability and Maintainability Symposium*, pp. 405 - 410.

Milligan, G. V. (1961). Semiconductor failures Vs. removals. In J. E. Shwop, and H. J. Sullivan, *Semiconductor Reliability*. Elizabeth, NJ: Engineering.

Mishra, S., Ganesan, S., Pecht, M., and Xie, J. (2004). Life consumption monitoring for electronics prognostics. *Proceedings of the 2004 IEEE Aerospace Conference*, pp. 3455 - 3467.

Montgomery, D. C., and Runger, G. C. (1994). *Applied Statistics and Probability for Engineers*. New York: John Wiley & Sons.

Moore, G. E. (1965). Cramming more components onto integrated circuit. *Electronics Magazine*, 38(8), 4 - 7.

Morris, S. (1990). MIL - HDBK - 217 use and application. *Reliability Review*, 10, 10 - 13.

Murata, T. (1975). Reliability case history of an airborne air data computer. *IEEE Transactions on Reliability*, R - 24(2), 98 - 102.

Nash, F. R. (1993). *Estimating Device Reliability: Assessment of Credibility*. Boston, MA: Kluwer Academic.

Nilsson, M., and Hallberg, O. (1997). A new reliability prediction model for telecommunication hardware. *Microelectronics Reliability*, 37(10 - 11), 1429 - 1432.

O'Connor, P. D. T. (1985a). Reliability: Measurement or management. *Reliability Engineering*, 10(3), 129 - 140.

O'Connor, P. D. T. (1985b). Reliability prediction for microelectronic systems. *Reliability Engineering*, 10(3), 129 - 140.

O'Connor, P. D. T. (1988). Undue faith in US MIL - HDBK - 217 for Reliability Prediction. *IEEE Transactions on Reliability*, 37, 468 - 469.

O'Connor, P. D. T. (1990). Reliability prediction: Help or hoax. *Solid State Technology*, 33, 59 - 61.

O'Connor, P. D. T. (1991). Statistics in quality and reliability—Lessons from the past, and future opportunities. *Reliability Engineering and System Safety*, 34(1), 23 - 33.

O'Connor, P. D. T., and Harris, L. N. (1986). Reliability prediction: A state - of - the - art review. *IEE Proceedings A (Physical Science, Measurement and Instrumentation, Management and Education, Reviews)*, 133(4),

202 – 216.

Oh, H., Azarian, M. H., Das, D., and Pecht, M. (2013). A critique of the IPC – 9591 standard: Performance parameters for air moving devices. *IEEE Transactions on Device and Materials Reliability*, 13(1), 146 – 155.

Pang, J., and Che, F. - X. (2007). Isothermal cyclic bend fatigue test method for lead – free solder joints. *Journal of Electronic Packaging*, 129(4), 496 – 503.

Patil, N., Celaya, J., Das, D., Goebel, K., and Pecht, M. (2009). Precursor parameter identification for insulated gate bipolar transistor (IGBT) prognostics. *IEEE Transactions on Reliability*, 58(2), 271 – 276.

Pease, R. (1991). What's all this MIL – HDBK – 217 stuff anyhow? *Electronic Design*, 1991, 82 – 84.

Pecht, M., and Gu, J. (2009). Physics – of – failure – based prognostics for electronic products *Transactions of the Institute of Measurement and Control*, 31(3 – 4), 309 – 322. Available: http://tim.sagepub.com/content/31/3 – 4/309.full.pdf + html [December 2014].

Pecht M. G., and Nash, F. R. (1994). Predicting the reliability of electronic equipment. *Predicting the IEEE*, 82(7), 992 – 1004.

Pecht, M. G., and Ramappan, V. (1992). Are components still the major problem: A review of electronic system and device field failure returns. *IEEE Transactions on Components, Hybrids and Manufacturing Technology*, 15(6), 1160 – 1164.

Pecht, M. G., Lall, P., and Hakim, E. (1992). Temperature dependence of integrated circuit failure mechanisms. *Quality and Reliability Engineering International*, 8(3), 167 – 176.

Peck, D. S. (1971). The analysis of data from accelerated stress tests. *Proceedings of the 1971 Annual Reliability Physics Symposia*, pp. 69 – 78.

Pettinato, A. D., and McLaughlin, R. L. (1961). Accelerated reliability testing. *Proceedings of the 1961 National Symposium of Reliability and Quality*, pp. 241 – 251.

Ramakrishnan, A., and Pecht, M. (2003). A life consumption monitoring methodology for electronic systems. *IEEE Transactions on Components and Packaging Technology*, 26(3), 625 – 634.

Reliability Assessment Center. (2001). *PRISM—Version 1.3, System Reliability Assessmend Software*. Rome, NY: Reliability Assessment Center.

Reliability Information Analysis Center. (2006). *Handbook of 217Plus Reliability Models*. Utica, New York: Reliability Information Analysis Center.

Rooney, J. P. (1994). Customer satisfaction. *Proceedings of the 1994 Annual Reliability and Maintainability Symposium*, pp. 376 – 381.

Rudra, B., and Jennings, D. (1994). Tutorial: Failure – mechanism models for conductivefilament formation. *IEEE Transactions on Reliability*, 43, 354 – 360.

Ryerson, C. M. (1982). The reliability bathtub curve is vigorously alive. *Proceedings of the Annual Reliability and Maintainability Symposium*, p. 187.

Saleh J. H., and Marais, K. (2006). Highlights from the early (and pre –) history of reliability engineering. *Reliability Engineering and System Safety*, 91, 249 – 256.

Shetty, V., Das, D., Pecht, M., Hiemstra, D., and Martin, S. (2002). Remaining life assessment of shuttle remote manipulator system end effector. *Proceedings of 22nd Space Simulation Conference*, Ellicott City, MD. Available: http://www.prognostics.umd.edu/calcepapers/02_V.Shetty_remaing Life Asses Shuttle Remotemanipulator System_22nd

Space Simulation Conf. pdf [October 2014].

Spencer, J. (1986). The highs and lows of reliability prediction. *Proceedings of the 1986 Annual Reliability and Maintainability Symposium*, pp. 152 – 162.

Taylor, D. (1990). Temperature dependence of microelectronic devices failures. *Quality and Reliability Engineering International*, 6(4), 275.

Telcordia Technologies. (2001). *Special Report SR – 332: Reliability Prediction Procedure for Electronic Equipment*, Issue 1. Piscataway, NJ: Telcordia Customer Service.

U. S. Department of Defense. (1991). *MIL – HDBK – 217. Military Handbook: Reliability Prediction of Electronic Equipment*. Washington, DC: Author. Available: http://www.sre.org/pubs/Mil – Hdbk – 217F.pdf [August 2014].

U. S. Department of the Army. (2011). *Army Regulation 70 – 1: Army Acquisition Policy*. Washington DC: U. S. Department of the Army.

Varghese, J., and Dasgupta, A. (2007). Test methodology for durability estimation of surface mount interconnects under drop testing conditions. *Microelectronics Reliability*, 47(1), 93 – 107.

Watson, G. F. (1992). MIL reliability: A new approach. *IEEE Spectrum*, 29, 46 – 49.

Webster, L. R. (1986). Field vs. predicted for commercial SatCom terminals. *Proceedings of the 1986 Annual Reliability and Maintainability Symposium*, pp. 89 – 91.

Westinghouse Electric Corporation. (1989). *Summary Chart of 1984/1987 Failure Analysis Memos*. Cranberry Township, PA: Westinghouse Electric Corporation.

Wong, K. D., and Lindstrom, D. L. (1989). Off the bathtub onto the roller coaster curve. *Proceedings of the Annual Reliability and Maintainability Symposium*, January 26 – 28, Los Angeles, CA.

Wong, K. L. (1981). Unified field (failure) theory: Demise of the bathtub curve. *Proceedings of the 1981 Annual Reliability and Maintainability Symposium*, pp. 402 – 403.

Wong, K. L. (1989). The bathtub curve and flat earth society. *IEEE Transactions on Reliability*, 38, 403 – 404.

Wong, K. L. (1990). What is wrong with the existing reliability prediction methods? *Quality and Reliability Engineering International*, 6(4), 251 – 257.

Wong, K. L. (1993). A change in direction for reliability engineering is long overdue. *IEEE Transactions on Reliability*, 42, 261.

Wood, A. P., and Elerath, J. G. (1994). A comparison of predicted MTBFs to field and test data. *Proceedings of the 1994 Annual Reliability and Maintainability Symposium*, pp. 153 – 156.

Young, D., and Christou, A. (1994). Failure mechanism models for electromigration. *IEEE Transactions on Reliability*, 43, 186 – 192.

Zhou, Y., Al – Bassyiouni, M., and Dasgupta, A. (2010). Vibration durability assessment of Sn3.0Ag0.5Cu and Sn37Pb solders under harmonic excitation. *IEEE Transactions on Components and Packaging Technologies*, 33(2), 319 – 328.

附录 E　研究小组成员与工作人员简历

ARTHUR FRIES(主席)是国防分析研究所的研究员和项目负责人。他专注于将统计方法应用于国防和安全领域的各种问题,诸如美国国防部和国土安全部、缉毒部、反恐部和风险评估部的测试和评估。他是美国统计协会(ASA)国家和国际安全委员会主席,ASA 国防和国家安全统计人员委员会主席,ASA 国防和国家安全统计部门的创始成员。他同时也是 ASA 的成员,是美国陆军威尔克斯奖的获得者。他拥有威斯康辛大学麦迪逊分校的数学硕士学位和统计学博士学位。

W. PETER CHERRY 是科学应用国际公司的首席分析师。他的工作主要集中在国家安全领域的作战研究的开发和应用,其中主要是在陆地作战领域。他为陆军目前所使用的大多数主要系统(从"爱国者"导弹到"阿帕奇"直升机)的研制和部署做出了巨大的贡献。他是陆军科学委员会的成员,并担任美国运筹学协会的军事应用学会主席。他是军事行动研究协会 Rist 奖的获得者,以及运筹学和管理科学研究所军事应用学会 Steinhardt 奖的获得者。他是国家工程院院士。他拥有密歇根大学工业和运营工程的硕士和博士学位。

MICHAEL L. COHEN(研究主任)是国家统计委员会的高级项目官员,他负责统计方法学研究,特别是防务系统测试和十年一次的人口普查测试。他曾任能源信息局数理统计员,马里兰大学公共事务学院助理教授,普林斯顿大学客座讲师。他是美国统计协会的会员。他拥有密歇根大学数学学士学位和斯坦福大学的统计学硕士和博士学位。

ROBERT G. EASTERLING 是桑迪亚国家实验室(Sandia National Laboratories)的高级统计科学家,在那里他大部分时间都在研究统计学在各种工程问题中的应用。他的主要研究兴趣之一是可靠性评估。他是美国统计协会的成员,曾任应用统计学期刊 Technometrics 的编辑,也是美国质量协会 Brumbaugh 奖的获得者。他拥有俄克拉荷马州立大学的统计学博士学位。

ELSAYED A. ELSAYED 是罗格斯大学工业与系统工程系的杰出教授,也是罗格斯大学工程与科学技术学院的研究员。他还是国家科学基金会主持下的行业/大学质量与可靠性工程合作研究中心主任。他的研究兴趣主要集中在质量和可靠性工程以及生产计划和控制领域。他是工业工程师协会的会员。他拥有温莎大学(加拿大)的博士学位。

APARNA V. HUZURBAZAR 是洛斯阿拉莫斯国家实验室统计科学小组的科学家。在洛斯阿拉莫斯实验室中,她还担任系统主要技术要素加强监督活动的项目负责人,该活动为大量项目提供统计和分析支持,如系统建模、年龄感知模型、跟踪和趋势数据以及不确定性量化。她在可靠性方法论和应用、流程图模型、贝叶斯统计以及质量控制和工业统计等方面都进行了广泛的研究并发表了多篇论文。她是美国统计协会的会员,也是国际统计研究所的成员。她拥有科罗拉多州立大学的统计学博士学位。

PATRICIA A. JACOBS 是海军研究生院运筹学系的杰出教授。她职业生涯的大部分时间都集中在涉及统计和作战研究(包括可靠性建模)的防务问题上。她是美国统计协会和皇家统计学会的会员,也是国际统计研究所的成员。她拥有西北大学工业工程和管理科学的硕士和博士学位。

WILLIAM Q. MEEKER, JR 是爱荷华州立大学人文文科和统计系的教授。他主要研究可靠性数据的统计方法。他曾三次获得 Frank Wilcoxon 技术技量学最佳实践应用论文奖,四次获得 WJ Youden 技术技量学最佳解释论文奖,并在现代质量控制领域获得杰出技术领导者 Shewhart 奖章。他是美国统计协会会员,国际统计研究所成员,美国质量协会会员。他在联合学院的行政和工程系统系获得博士学位。

NACHI NAGAPPAN 在微软研究院从事经验软件工程和测量。他的研究兴趣主要集中在软件可靠性、软件测量和测试以及经验软件工程领域。他还担任软件工程、面向方面的软件开发和计算机科学教育方面的社会任职工作。他目前的研究主要集中在软件测量和统计建模在大型软件系统和下一代 Windows 操作系统(Vista)上的应用。他拥有北卡罗来纳州立大学的博士学位。

MICHAEL PECHT 是乔治·迪特机械工程教授,马里兰大学应用数学教授。在大学期间,他是高级生命周期工程中心的创始人,该中心由全球 150 多家领先的电子公司提供资金。他的主要研究兴趣是开发可靠的电子产品使用和供应链管理。他是马里兰州拥有正规执照的专业工程师。他是美国电气和电子工程师协会的会员,机械工程师会员,汽车工程师协会的会员,以及国际微电子装配与封装协会会员。他是电气和电子工程师协会的技术成就奖和终身成就奖的获得者。他拥有威斯康星大学麦迪逊分校的博士学位。

ANANDA SEN 是密歇根大学统计咨询与研究中心的副研究员。此前,他曾在奥克兰大学和密歇根大学任教。他的主要工作重点是可靠性提升建模的理解,加速失效时间建模和贝叶斯方法在可靠性和生存分析中的应用。他是美国统计协会的会员,也是国际统计研究所的成员。他拥有印度统计研究所统计学硕士学位以及威斯康星大学麦迪逊分校统计学博士学位。

SCOTT VANDER WIEL 是洛斯阿拉莫斯国家实验室的技术人员。此前,他在贝尔实验室进行过统计研究工作。在他的工作中,他与工程师和科学家合作分析数据并开发系统可靠性统计方法(以及统计应用的其他领域)。在洛斯阿拉莫斯,他专注于武器可靠性建模和不确定性问题的量化。他是美国统计协会的会员。他拥有爱荷华州立大学统计系的硕士和博士学位。

国家统计委员会

1972 年,国家科学院建立了国家统计委员会,其目的是改进公共政策决策中所需要的统计方法和信息。委员会通过开展研究、举办研讨会等活动,促进了人们对经济、环境、公共卫生、犯罪、教育、移民、贫困、福利等公共政策问题的更充分的了解。此外该委员会还评估正在进行中的各种统计方案,追踪联邦政府的统计政策和相关活动,并始终在统计和公共政策领域的交叉点上发挥独特的作用。通过国家科学基金会的帮助,国家统计局委员会的工作得到了联邦机构财团的有效资助。